Gestão Integrada de Resíduos Sólidos

CARLOS CANEJO

Freitas Bastos Editora

Direitos exclusivos da edição e distribuição em língua portuguesa:

Maria Augusta Delgado Livraria, Distribuidora e Editora

Editor: *Isaac D. Abulafia*
Capa e Diagramação: *Luiz Antonio*

DADOS INTERNACIONAIS PARA CATALOGAÇÃO
NA PUBLICAÇÃO (CIP)

C221g

Canejo, Carlos

Gestão Integrada de Resíduos Sólidos / Carlos Canejo. –
Rio de Janeiro: Freitas Bastos, 2021.

118 p. ; 16cm x 23cm.

ISBN: 978-65-5675-0866

1. Resíduos Sólidos. 2. Gestão. 3. Gerenciamento de Resíduos.
I. Título.

2021-4219 CDD 363.728 CDU 628.472

Elaborado por Vagner Rodolfo da Silva - CRB-8/9410

Índice para catálogo sistemático:
1. Resíduos Sólidos 363.728
2. Resíduos Sólidos 628.472

Freitas Bastos Editora

freitasbastos@freitasbastos.com
vendas@freitasbastos.com
www. freitasbastos.com

Apresentação

Este livro é fruto de experiências e aprendizados de mais de 15 anos de atuação profisisonal no segmento de gestão de resíduos sólidos. A paixão do autor pelo tema surge ainda em sua infância, quando, contagiado pela capacidade, pela força e pelo barulho dos caminhões compactadores, buscava descobrir para onde estava sendo levado o "nosso lixo", bem como, ainda de forma tímida, quais eram as relações entre consumo, descarte, geração de resíduos e o meio ambiente.

A jornada profissional do autor se inicia no órgão ambiental de controle, onde teve a oportunidade de atuar como analista, chefe de serviço e gerente do setor de licenciamento de atividades de saneamento e resíduos do Instituto Estadual do Ambiente (INEA), no Estado do Rio de Janeiro. Em função do exercício das responsabilidades assumidas pelos cargos ocupados, o autor atuou no licenciamento ambiental, fiscalização e controle de diversas atividades do segmento, dando-se maior ênfase ao encerramento de lixões, localização, implantação e operação de aterros sanitários, unidades de tratamento térmico, usinas de triagem, usinas de compostagem, unidades de britagem, aterros de inerte, sistemas de tratamento de lixiviado, dentre outros.

Após sua saída do órgão ambiental, o autor passou a trilhar novos caminhos profissionais na docência superior, bem como em consultorias técnicas especializadas à grande empresas nacionais e internacionais, à mentorias estratégicas e à pesquisas científicas. Esta fusão de olhares e de experiências permitiu ao autor um olhar ímpar sobre os diversos elos que integram as cadeias de gerenciamento das diversas tipologias de resíduos abordadas nesta publicação.

O leitor desta obra poderá ter uma visão global sobre como planejar, executar, monitorar e controlar sistemas de gestão integrada de resíduos sólidos de forma assertiva e eficaz. O texto é baseado nas melhores práticas contemporâneas de gestão, bem como nas principais normativas e leis vigentes no segmento e em princípios éticos, sustentáveis e circulares.

No primeiro capítulo o leitor será convidado a conhecer as premissas da gestão de resíduos, da logística reversa e dos modelos econômicos circulares. Serão abordados os conceitos de lixo, rejeito e resíduo, bem como a distinção entre gestão e gerenciamento de resíduos, a importância de utilizarmos a logística reversa como uma ferramenta de gestão e dos princípios da economia circular como estratégia para a saída do paradigma linear.

No segundo capítulo interpretaremos tecnicamente os diversos aspectos da Política Nacional de Resíduos Sólidos (PNRS), abordando seus princípios, objetivos e instrumentos, bem como algumas diretrizes e estratégias de classificação de resíduos e as premissas legais para a responsabilidade compartilhada e para a logística reversa.

No terceiro capítulo faremos uma imersão nas perspectivas técnicas do gerenciamento dos Resíduos Sólidos Urbanos (RSU). Veremos aspectos correlatos à caracterização e à geração desta tipologia de resíduo, bem como aspectos correlatos à sua valorização, tratamento e disposição final.

No quarto, quinto e sexto capítulos trabalharemos algumas perspectivas técnicas do gerenciamento dos Resíduos da Construção Civil (RCC), Resíduos de Serviço de Saúde (RSS) e Resíduos Industriais (RI) respectivamente. Conheceremos os diversos processos de caracterização e de geração destas tipologias de resíduos, bem como os aspectos legais e normativos de suas estratégias de gestão, suas etapas de gerenciamento e diferentes formas de destinação e disposição final.

Por fim, no sétimo capítulo trabalhemos aspectos técnicos e práticos da construção dos planos de gerenciamento de resíduos a partir de uma visão de projetos. Apresentaremos algumas técnicas de gestão e gerenciamento de projetos aplicados ao gerenciamento de resíduos sólidos, bem como aspectos e diretrizes legais da construção de planos de resíduos e algumas estratégias para a construção assertiva dos mesmos.

Esperamos que as contribuições apresentadas ao longo dos capítulos deste livro, derivadas das observações do autor ao longo de sua trajetória profissional, ajude os leitores a potencializar soluções sustentáveis para a gestão de resíduos sólidos em empresas públicas e privadas, contribuindo assim para um futuro mais ético, mais consciente e mais circular. Boa leitura!

SUMÁRIO

SUMÁRIO

CAPÍTULO 1:
Premissas da Gestão de Resíduos, Logística Reversa e Economia Circular

Vivemos em um contexto de crise ambiental. Apesar de muitas vezes governos, empresas e a própria sociedade negligenciarem este fato, ele é tecnicamente e cientificamente irrefutável e, sim, ameaça um futuro comum. A crise ambiental que enfrentamos hoje é produto de escolhas insustentáveis e absolutamente equivocadas que pavimentaram o progresso social e tecnológico dos últimos dois séculos. Lamentavelmente, a preservação ambiental não foi uma prioridade humana durante este frenesi desenvolvimentista e, hoje, arcamos com as consequências, que, certamente serão mais intensas para as futuras gerações.

Braga et al (2005) propõe que a crise ambiental contemporânea é fruto do intenso crescimento populacional do último século, aliado ao aumento e à diversificação da exploração de recursos naturais e o consequente aumento e diversificação da poluição. O nosso progresso vem custando muito caro para o ambiente. Demos um salto populacional de aproximadamente 3 bilhões de habitantes em meados de 1950 para quase 8 bilhões em 2021. Praticamente triplicamos a população mundial em apenas 70 anos. Segundo dados divulgados em junho de 2019 pela Divisão de População do Departamento de Assuntos Econômicos e Sociais da Organização das Nações – ONU, em meados de 1700 o mundo possuía aproximadamente 610.000.000 habitantes. Em meados de 1800, 1 bilhão de habitantes, em meados de 1900, 1,6 bilhões habitantes, em meados de 2000, 6 bilhões. A previsão para 2050 é de 10 bilhões. Não teremos um limite? Tal expressividade de crescimento populacional deveria, minimamente, gerar um alerta à sociedade, em especial quanto aos efeitos da pressão exercida sobre o ambiente, que, certamente será intensificados nos próximos anos.

Teremos recursos naturais suficientes para atender às necessidades desta expressiva população mundial? Certamente a resposta é não, o que nos induz a um cenário insustentável de desenvolvimento. Degradação ambiental, pobreza, fome, falta de saneamento, injustiça social e poluição são apenas alguns tristes exemplos desse crescimento desordenado. Certamente precisaremos de mais áreas de plantio e pasto, consumiremos mais madeira, mais ferro, mais água. A indústria enxergará oportunidades e criará meios de comercializar produtos e serviços que derivam do consumo de outros recursos naturais. Claramente, estes processos gerarão mais poluição, o que afetará ainda mais a qualidade dos solos, das águas e do ar, limitando a disponibilidade dos próprios recursos naturais. Esta é uma engrenagem degradadora e absolutamente esquizofrênica! Este olhar míope e distanciado das questões ambientais, canibaliza o futuro do próprio homem! É necessário mudar, e de forma urgente! Sem um efetivo controle ambiental desses processos, em poucos anos entraremos em contato com uma escassez de recursos ainda mais severa, o que, infelizmente, já é realidade em muitos países considerados em desenvolvimento.

Lamentavelmente, parece que este cenário representa ao mesmo tempo o passado, o presente e o futuro de nossa sociedade. Com uma breve observação da realidade contemporânea, é muito dificil imaginar um cenário diferente deste amanhã. Não restam dúvidas de que o progresso vem impulsionando o comércio global, a urbanização, a industrialização, a tecnologia, a medicina, mas ele também impulsiona a degradação ambiental, a injustiça social, a probreza, a fome etc.

Em síntese, entrelinhas, acabamos de descrever o modelo econômico linear. O modelo econômico linear é uma forma de organização da cadeia produtiva que se baseia na extração de recursos naturais, produção industrial, comercialização e descarte de bens. Se observarmos bem, ele é a base do negócio de todas as nossas indústrias, comércios e mercados. No ato da compra, em geral, não nos preocupamos com o descarte daquele bem em fim de vida útil, da mesma forma que a indústria não se preocupa com isto quando da sua produção e o varejista, quando da sua comercialização. Ou seja, extraimos recursos naturais para a produção de bens, geramos efluentes, emissões e resíduos durante a sua manufatura, colocamos o mesmo em embalagens para a comercialização, e, no fim de sua vida útil, dificilmente sabemos o que fazer com ele, e acabamos o classificando como lixo.

A lógica de "extrair, produzir, comercializar e descartar" vem gerando sobrecargas ecológicas sem precedentes, levando ao cenário de crise ambiental que vivemos hoje e, infelizmente, caracterizando a nossa entrada em uma nova era geológica, o antropoceno. Para Silva e Arbilla (2018) o antropoceno sugere uma drástica mudança na relação entre a espécie humana e o meio ambiente nos últimos dois séculos. Esta relação foi afetada por alterações climáticas derivadas da emissão de poluentes atmosféricos, bem como contaminação de solo e águas subterrâneas por novas substâncias químicas, até então, desconhecidas pelos ciclos biogeoquímicos do nosso Planeta e/ou pela ampla degradação ambiental derivada da mineração, agronegócio, disposição inadequada de resíduos etc.

Tais ações sugerem que, nos últimos séculos a espécie humana impulsionou a nossa saída do holoceno e ingresso na "época dos humanos". Este processo pode ser visto por uma perspectiva geológica, ou de forma mais ampla, como um conceito que envolve o meio ambiente, a química, a biologia, a cultura, a economia e as relações políticas e econômicas (SILVA e ARBILA, 2018). Vale dizer que a natureza é resiliente e resistente. Os sistemas naturais se adaptam às condições impostas pelo meio, mas será que a espécie humana se adaptará à era geológica que ela mesma provocou? Sem dúvida, esta é a pergunta de ouro, cuja resposta é desejada pelos invisíveis maquinadores do neoliberalismo, já preocupados com seus investimentos e rentabilidades futuras. Realistas e pessimistas acreditam que não, a espécie humana não irá se adaptar. Para eles, nesse ritmo de degradação ambiental imposto no último século, cedo ou tarde não nos adaptaremos mais às condições naturais. Quanto aos otimistas, estes não parecem estar bem informados.

A crise ambiental é um fato irrefutável e é impulsionada pelo modelo econômico linear que desenvolvemos. Da mesma forma, é irrefutável que tal crise seja oriunda dos nossos vigorosos ciclos de desenvolvimento. Pensar e agir de forma sustentável, buscando inovar estes processos degradadores, é, no mínimo ético, não só para um futuro melhor, mas para um presente que se sustente! Repensar o direcionamento ambiental do nosso ciclo de desenvolvimento atual e agir de forma sustentável deve ser um compromisso de qualquer profissional, em qualquer área de atuação. Este é o ponto de partida para a compreensão da proposta deste livro, precisamos transpor os desafios da gestão e do gerenciamento de resíduos, precismos refletir, inovar e agir!

1.1. Do lixo ao rejeito, passando pelo resíduo:

Começaremos provocando uma reflexão, o que seria "lixo" para o senso comum? De maneira geral, o lixo é entendido como algo velho e sem valor. Em amplo senso, tudo aquilo que perde a sua utilidade, por algum motivo, torna-se lixo. Desde as sobras do preparo de uma refeição, aos copos plásticos utilizados no ambiente de trabalho, ao pacote de uma bala que estava no seu bolso, à uma roupa rasgada ou que saiu de moda, ao remédio vencido e até mesmo ao resto de tinta que comprou para pintar o seu quarto, em amplo senso, tudo isso é (erroneamente) considerado como lixo.

O "lixo é um erro de design", esta não é uma frase autoral, mas muito elucida a essência da necessidade de mudança de pensamento quanto à este termo. Ousaríamos ir além, o "lixo não existe", ele é uma fabricação da sociedade que, em clara negação (e uma certa perversão), quer fugir de suas responsabilidades para consigo, com o meio e com o próprio futuro.

Na mistura de componentes daquilo que chamamos de lixo, temos diversos recursos que não foram plenamente aproveitados, mas, poderiam ser! Seja a partir da geração/comercialização de composto orgânico, seja a partir da geração/comercialização de energia derivada da incineração ou produção de biogás, seja a partir da comercialização de materiais recicláveis, seja por uma economia derivada da racionalidade do uso de recursos nos processos produtivos. Lixo é puro desperdício de recursos, seja ele financeiro ou não.

Deveriámos decretar o fim do "lixo". Este termo desvaloriza o potencial dos materiais e acaba prejudicando o desenvolvimento de ações de gestão e de gerenciamento dos mesmos, pois, em amplo senso, a percepção social é de que não há qualquer valor agregado, o que, claramente não é verdade.

Desta forma, a partir de agora, adotaremos apenas os termos "resíduo" e "rejeito", mas qual seria a destinção entre ambos? De acordo com a Lei n° 12.305/10, que instituiu a Política Nacional de Resíduos (PNRS), resíduo é:

> [...] Material, substância, objeto ou bem descartado resultante de atividades humanas em sociedade, a cuja destinação final se procede, se propõe proceder ou se está obrigado a proceder, nos estados sólido ou semissólido, bem como gases contidos em recipientes e líquidos cujas particularidades tornem inviável o seu lançamento na rede pública de esgotos ou em corpos d'água, ou exijam para isso soluções técnica ou economicamente inviáveis em face da melhor tecnologia disponível. (BRASIL, 2010).

Já os rejeitos são:

> [...] Resíduos sólidos que, depois de esgotadas todas as possibilidades de tratamento e recuperação por processos tecnológicos disponíveis e economicamente viáveis, não apresentem outra possibilidade que não a disposição final ambientalmente adequada.

É muito importante frisar que os conceitos de resíduo e rejeito são substancialmente diferentes. Em síntese, o resíduo ainda é passível algum tipo de aproveitamento, já o rejeito não. A distinção entre os termos deve ser o ponto de partida para o diagnóstico e para o planejamento de qualquer sistema de gestão e de ações de gerenciamento de resíduos. A partir deste contexto, podemos entender que os resíduos são um problema global, a ser enfrentado por todos, em todas as esferas institucionais, em prol do desejo de um futuro comum e sustentável. Mas quais são os principais problemas associados aos resíduos? Podemos sintetizar esta problemática em três questões, sendo elas:

- Geração Constante: Não há sequer um segundo no mundo em que não haja geração de resíduos. Por mais que houvesse um grande esforço coletivo, mundial, para reduzir, reutilizar e reciclar resíduos, envolvendo a sociedade, academias, governos e empresas, jamais conseguiremos (enquanto sociedade global) interromper a constância da geração dos resíudos. Precisamos aceitar que a geração de resíduos é um problema crônico inevitável, mas gerenciavel.
- Geração de Impactos: Os resíduos sempre causam algum tipo de impacto em algum nível relacional. Independente de sua fonte geradora, de suas características físico-químicas e até mesmo de seu peso e volume, precisamos aceitar que a geração de resíduo sempre afeta o meio. Ou seja, a presença de um resíduo sempre causará algum tipo de impacto ambiental, estético, político, econômico, legal ou social. Certamente, esta condição nos traz ameaças, mas também algumas oportunidades a serem exploradas. Entretanto, apenas a boa gestão e o preciso gerenciamento definirão se os impactos derivados dos resíduos serão positivos ou negativos, bem como a magnitude dos mesmos.
- Necessidade de Espaço: Precisamos aceitar que para gerenciar resíduos precisamos de espaço. Não temos como esconder eternamente os resíduos que geramos no nosso dia a dia! A partir do momento que um resíduo é gerado, ele demandará/ocupará espaço físico do meio e, a partir disto, ele pode, se não houver ações de gestão e gerenciamento, causar uma série de impactos conforme vimos no item anterior. Vale destacar que, na nossa

sociedade, ainda mais no ambiente urbano, espaço sempre tem um custo. Entretanto, apesar dos custos, independente do sistema de gerenciamento de resíduos proposto, é fundamental planejaermos locais e meios de manejo, armazenamento, transporte, destinação final e disposição final.

Logo, não restam dúvidas de que a problemática dos resíduos nos traz muitos desafios globais, dentre eles, destacamos: Como reduzir a geração de resíduos orgânicos? Como reduzir a geração de materiais recicláveis? Como potencialziar o engajamento da sociedade em programas de coleta seletiva? Como reduzir os impactos associados aos resíduos? Como valorizar resíduos e aproveitar ao máximo os seus constituintes? Como dispor rejeitos com reduzido custo e impacto ambiental? Dentre outros.

Para resolver estes desafios, precisamos nos organizar. Na verdade, precisamos de um planejamento resiliente e de um conjunto de ações resistentes. Em suma, precisamos de ações de gestão e de práticas de gerenciamento que nos conduzam, a patamares mais sustentáveis. Mas você sabe a distinção entre gestão e gerenciamento de resíduo?

1.2. Gestão e gerenciamento de resíduos, qual é a diferença?

É comum nos depararmos com o conceito de gestão e gerenciamento de resíduos, mas você sabe a distinção entre eles? Este é um conhecimento fundamental para planejarmos, de forma assertiva, as nossas ações durante o manejo dos resíduos.

Em amplo senso, podemos entender o gerenciamento como o ato de planejar, executar, monitorar, controlar e agir em prol de um objetivo, meta e/ou estratégia definida no âmbito de interesse. Logo, o gerenciamento de resíduos sólidos é o conjunto de ações exercidas, direta ou indiretamente pelo gerador, contendo, minimamente, o planejamento, a execução, o monitoramento e o controle de ações sobre as seguintes etapas:

- Armazenamento Temporário: É a contenção temporária em área autorizada pelo órgão de controle ambiental, até a reciclagem, recuperação, tratamento ou disposição final, com o objetivo de atender à requisitos de segurança ambiental. Atenção para as normas NBR 11.174/89 – Armazenamento de resíduos não perigosos e NBR 12.235/92 Armazenamento de resíduos perigosos;
- Coleta e Transporte: Ação sanitária que visa o afastamento dos resíduos do meio onde é gerado. A escolha das rotas de coleta, frequências e tipos de veículos influenciam diretamente as etapas posteriores de gerenciamento. Atenção para a NBR 13.221/03 –

Transporte terrestre de resíduos;

- Transbordo: Ação sanitária que visa o afastamento e o armazenamento temporário dos resíduos para o ganho de escala e consequente redução de custos logísticos, para o envio à solução de destinação ou disposição final. Não é uma etapa obrigatória. A adoção do transbordo depende da condição do sistema de gerenciamento implantado (quantidade gerada, espaço de armazenamento, frota de coleta, frota de envio etc.);
- Destinação Final: É o tratamento e/ou a valorização dos resíduos gerados, coletados e transportado. Inclui as ações de reutilização, reciclagem, compostagem, recuperação e reaproveitamento energético, dentre outras formas admitidas pelos órgãos ambientais;
- Disposição Final: Distribuição ordenada de rejeitos em aterros sanitários ou aterros industriais, observando normas operacionais específicas, de modo a evitar danos ou riscos à saúde pública e ao ambiente.

Então, o que seria a gestão? A gestão pode ser entendida como o conjunto de ações enveredadas com foco na otimização de processos através da análise crítica de cenários e de tomadas de decisão éticas e racionais baseadas em informações derivadas do gerenciamento, com o objetivo de garantir o alcance de um objetivo, meta ou estratégia, além da satisfação das principais partes interessadas na ação/projeto em curso.

Desta forma, podemos dizer que a gestão de resíduos é um conjunto de ações voltadas para a busca de soluções para os resíduos sólidos, de forma a considerar multiplas dimensões gerenciais, sendo elas: 1) Política; 2) Técnica; 3) Econômica; 4) Ambiental; 5) Cultural; 6) Social; 7) Legal; 8) Normativa; 9) Ética; 10) Etc. Este conceito é análogo à proposta de conceito de "gestão integrada de resíduos", presente no artigo terceiro da PNRS. Entretanto, de forma complementar, o conceito da PNRS, direciona as ações de gestão integrada sob as premissas de um desenvolvimento sustentável.

É importante destacar a distinção entre os dois conceitos. Gerenciamento e gestão são distintos, entretanto, atuam de forma complementar, ou seja, sem gerenciamento não há gestão, pois não há geração de dados e informações para análise crítica e tomada de decisões quanto ao correto manejo dos resíduos. Por sua vez, sem gestão não há gerenciamento, pois as definições estratégicas são fundamentais para a proposição das ações de gerenciamento, em especial as ações de planejamento, execução, monitoramento e controle.

1.3. Logística reversa como uma ferramenta de gestão:

Para iniciarmos este tópico, vale destacarmos que a logística tradicional gerencia de forma estratégica os fluxos logísticos com o objetivo de maximiar lucros e minimizar custos, ampliando a rentabilidade das ações de distribuição de insumos e produtos. Logo, o que seria a logística reversa? De acordo com o artigo terceiro da PNRS, a logística reversa é:

> [...] instrumento de desenvolvimento econômico e social caracterizado por um conjunto de ações, procedimentos e meios destinados a viabilizar a coleta e a restituição dos resíduos sólidos ao setor empresarial, para reaproveitamento, em seu ciclo ou em outros ciclos produtivos, ou outra destinação final ambientalmente adequada" (BRASIL, 2010).

À luz das pesquisas de Leite (2006), a logística reversa é:

> [...] área da logística empresarial que planeja, opera e controla o fluxo e as informações logísticas correspondentes, do retorno dos bens de pós-venda e de pós-consumo ao ciclo de negócios ou ao ciclo produtivo, por meio dos canais de distribuição reversos, agregando-lhes valor de diversas naturezas: econômico, ecológico, legal, logístico, de imagem corporativa, entre outros. (LEITE, 2006).

Face ao exposto, de forma sintética, podemos entender que a logística tradicional gerencia o fluxo e a estratégia de saída dos produtos das empresas/indústrias, e a logística reversa gerencia o fluxo e a estratégia de retorno destes produtos, ou parte deles, à empresa/indústria produtora, seja por conta do fim da vida útil do produto, ou não. Logo, fica evidente que a logística reversa deve ser vista como uma ferramenta a ser utilizada nas ações de gestão e de gerenciamento de resíduos de qualquer tipologia. Esta alegação pode ser confirmada quando analisamos o conceito de responsabilidade compartilhada pelo ciclo de vida do produto, proposto pela PNRS, que será, mais detalhado no próximo capítulo.

A partir da aplicação dos fluxos teóricos de logística reversa, é possível desenvolver ferramentas sólidas para a estruturação de fluxos reversos de resíduos que tenham potencial para serem reintegrados aos ciclos produtivo ou de negócios. Em geral estas ações se materializam após a análise de viabilidade técnica, econômica e ambiental das ações de reciclagem, desmanche, reuso ou comercialização dos resíduos como insumos para a própria empre-

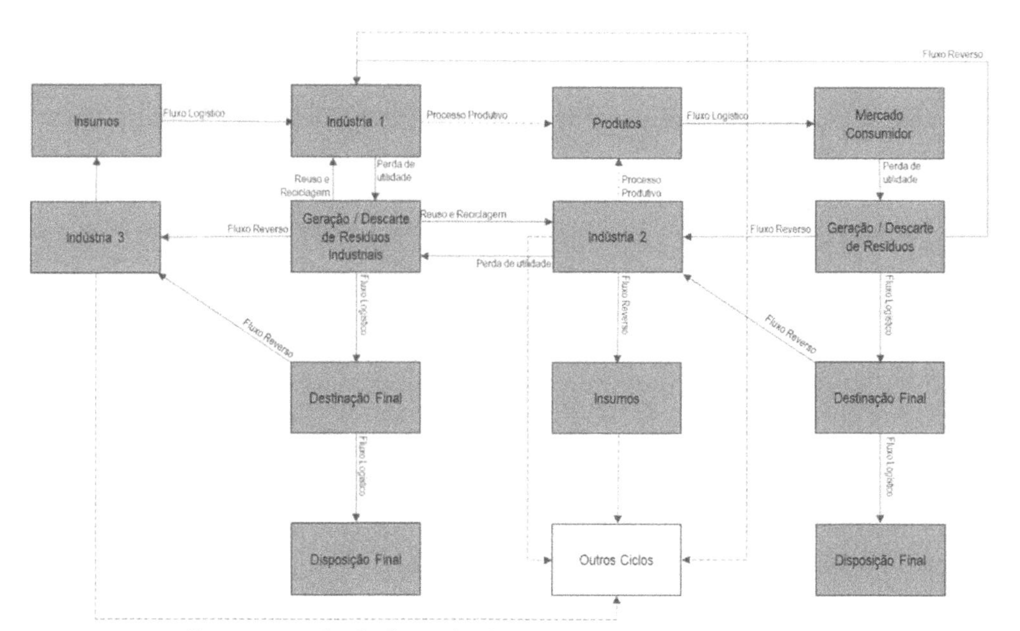

Figura 01: Análise integrada de fluxos logísticos e reversos: Caso hipotético

sa/indústria geradora ou para outras.

Portanto, a principal intenção da logística reversa é agregar valor ao resíduo, seja ele econômico, ambiental ou legal. Este processo se dá a partir do planejamento de fluxos e das tomadas de decisão derivadas das informações obtidas durante a operacionalização de ações que busquem a consolidação, separação, seleção, até a reintegração total ou parcial daquilo que seria descartado, ao ciclo de negócios da indústria. (LEITE, 2006).

Considerando o exposto, cabe agora compreendermos melhor o que seriam os canais de "Pós-Venda" e de "Pós-Consumo" propostos por Leite (2006). Para o autor, bens de pós-venda são aqueles que por diversos motivos retornam ao ciclo de negócios, por meio de diversas formas de comercialização e de processamento. Esses produtos retornam por uma variedade de motivos, dentre eles o fim de sua validade, estoques excessivos nos canais de distribuição, por apresentarem problemas e defeitos etc. (LEITE, 2006). Depois de devolvidos, iniciamos a etapa de destinação final, que pode ser considerada como um potencializadora de mercados secundários, tais como a reforma, desmanche, reciclagem e até mesmo a recuperação energética. Quando não há meios de valorar estes resíduos derivados de destinação final, devemos encaminhar os mesmos como rejeito para aterros sanitários ou outra metodologia de disposição final autorizada pelo órgão ambiental competente.

Já os bens de pós-consumo são aqueles produtos industrializados que apresentam ciclos de vida útil definido, que, quando extintos, são descartados pela sociedade de diferentes maneiras, caracterizando o pós-consumo e os resíduos sólidos (LEITE, 2006). Após serem caracterizados como bens de pós-consumo, devem ser avaliadas diferentes formas de reaproveitamento, reciclagem e comercialização, seja de todo o resíduo ou de partes do mesmo.

De uma forma ou de outra, perante à Política Nacional de Resíduos (Lei nº 12.305/10), ambos os fluxos reversos citados, caracterizam a geração de resíduos sólidos, que devem ser gerenciados dentro de princípios específicos. No capitulo 2 trabalharemos com mais densidade a PNRS, entretanto, vale destacar que os princípios propostos pela PNRS, que levam em consideração a criação de canais reversos, também estão em total sintonia com uma das mais fortes tendências de sustentabilidade, gestão e gerenciamento de resíduos da atualidade, o "Modelo Econômico Circular", que será devidamente apresentado e contextualizado a seguir.

1.4. A economia circular como estratégia para a saída do paradigma linear:

Como vimos, o modelo econômico linear é baseado na extração de recursos naturais, produção de insumos e produtos na indústria, comercialização e descarte de produtos pós-venda ou pós-consumo como resíduo. Não restam dúvidas de que esta é uma cadeia degradadora e que precisa, urgentemente, ser inovada sob a perspectiva sustentável. É possível? Na verdade, se quisermos um futuro mínimamente seguro para as futuras gerações, não temos escolha. É necessário (e urgente) caminharmos para uma transição econômica circular. Para Weetman (2019)

> [...] a economia circular é muito mais ambiciosa do que a reciclagem de materiais, ou zero lixo para os aterros sanitários. Ela amplia a cadeia de valor para abranger todo o ciclo de vida do produto, do início ao fim, incluindo todos os estágios de fornecimento, fabricação, distribuição e vendas. Pode envolver o redesign do produto, o uso de diferentes matérias-primas, a criação de novos subprodutos e coprodutos e a recuperação do valor das antigas sobras dos materiais usados no produto e no processo. Pode significar venda de serviços em vez de venda de produtos, ou novas maneiras de renovar, reparar ou remanufaturar o produto para revenda. De tudo isso resulta novo jargão

> de negócios para descrever essas inovações disruptivas, o modelo econômico circular [...] (WEETMAN, 2019)

Para Ribeiro & Kruglianskas (2014) o modelo econômico circular se distancia do modelo vigente de economia linear, e se direciona a uma realidade em que os produtos, e seus materiais constituintes, recebem uma diferenciada valoração, resultando em uma economia mais robusta. Novos mercados, teoricamente sustentáveis, baseados nos possíveis fluxos inter-indústrias e inter-mercados, são estimulados para o atendimento da premissa do modelos circular. Ou seja, há um fomento a novos negócios sustentáveis, desde novas empresas focadas no redisign de embalagens, à soluções empresariais que valorizam a contratação de serviços ao invés da aquisição de bens! Se percebermos bem, isso não é só uma teoria, propostas como estas são cada vez mais comuns nos mercados e nas estratégias organizacionais!

Vale destacar que as dicussões em torno de modelos circulares não remontam os dias atuais, e sim, de forma embrionária meados da década de 70 com uma materialização efetiva do conceito em nosso País a partir de 2015, quando do desenvolvimento do Programa de inovação CE100, criado pela Ellen MacArthur Foundation (EMF). A EMF atua, em todo o mundo, com governos e organizações de diversos setores, com o objetivo de desenvolver e potencializar modelos econômicos circulares e sustentáveis. Por isso, a EMF, tornou-se a principal referência em desenvolvimento de modelos circulares, bem como no engajamento de partes interessadas para efetivação de negócios circulares.

Mas qual seria a essência do modelo econômico circular? "Simplificar". Com o passar das décadas fomos sofisticando processos produtivos a partir de inovações insustentáveis que almejavam, exclusivamente, maximizar lucros. Hoje, em minutos, compramos produtos oriundos da China, da Rússia, dos EUA, Europa etc., muitas vezes sem frete, com apenas um celular, um cartão de crédito (que tenha saldo é claro!) e conexão com a internet! Esta é uma abertura fantástica dos mercados internacionais, um sonho distante para empreendedores e consumidores de uma década atrás. Entretanto, vale questionar se esta é, de fato, uma boa ação para a economia nacional, regional, estadual e/ou municial.

Vamos refletir sobre a seguinte perspectiva, esta facilidade tecnológica e mercadológica potencializa compras internacionais, mas sobrecarrega o ambiente de embalagens, e até mesmo de embalagens das embalagens. É claro que não para por ai, junto das embalagens das embalagens, temos papéis, papelões, plásticos bolha, fitas adesivas, isopores, pequenos airbags etc., tudo isso para lhe entregar um produto de baixo custo e, geralmente, de pouca serventia e qualidade, que levou três meses para vir do outro lado do Planeta. Certamente, durante o ciclo de vida deste produto, ele terá viajado mais do que a maioria das pessoas que o compram.

Observe que, um produto comprado na China, andou de avião, de trem, de navio, de carro, de caminhão, de bicicleta e no Brasil, até de patinete, para chegar às suas mãos, passando por centros de distribuição em diversos países. Estes produtos cruzaram fronteiras nacionais e internacionais e, durante o caminho, deixaram toneladas de carbono equivalente na atmosfera, resíduos de diversas tipologias, poluição de solo, água e ar, além de fomentarem um modelo de trabalho exploratório que negligencia o trabalho formal e se baseia na mão de obra de microempreendedores individuais (sem direitos trabalhistas e endividados), para potencializar uma entrega rápida, por parte das gigantes da logística e do varejo. Além de todas estas questões, o seu investimento potencializa o crescimento de gigantes, que, obviamente, não possuem sede em nosso País, enquanto as nossas empresas, indústrias e produtores, fecham suas portas. Inevitavelmente, todo este processo adiciona problemas ambientais, sociais e econômicos no território nacional, entretanto, multiplica lucros para empresas internacionais. Parece que, apesar das facilidades tecnológicas, a cadeia de ações derivadas desta compra é algo complexo, degradador, exploratório e insustentável.

Desta forma, podemos concordar com Hofstra et al (2014), que provocar uma mudança de modelo econômico exige uma transformação muito profunda na forma como a sociedade legisla, produz e consome inovações, enquanto também usa a natureza como inspiração para responder às necessidades sociais e ambientais.

O conceito de economia circular não pertence a um único índivíduo ou instituição. Mas sim à um coletivo de linhas de pensamento que, naturalmente, convergiram para a clareza do conceito que temos hoje. Em especial, podemos destacar os conceitos propostos pelas seguintes linhas de pensamento:

- Design Regenerativo;
- Economia de Performance;
- Berço ao Berço;
- Ecologia Industrial;
- Biomimética;
- Capitalismo Natural;
- Economia Azul.

Podemos afirmar que as linhas de pensamento apresentadas descrevem, em partes, os conceitos mais amplos de economia circular (VEIGA, 2009). De forma integrada, os conceitos induzem à busca por alternativas ao uso dos recursos naturais como fonte de recurso. Para o autor, a promoção e implementação destes conceitos de forma integrada possibilitará que recursos ilimitados como o trabalho, assumam um papel mais central nos processos econômicos, enquanto os recursos naturais, que são limitados, passarão a desempenhar um papel de suporte integrador. Ou seja, a fusão dos pensamentos provoca o surgimento de fluxos circulares.

Segundo Bonciu (2014), para lidar com a magnitude da escassez de recursos naturais dos próximos anos será necessário deixar para trás a cultura atual de produção e consumo, através da tecnologia, inovação de produtos e/ou processos. É preciso renunciar ao padrão comum de fazer, usar e descartar para uma abordagem de reuso/reciclagem de produtos, aproximando-se desta maneira dos padrões dos sistemas vivos quando seus outputs se tornam inputs.

A economia mundial está integrada a um sistema totalmente linear, desde produção, regulamentação, o mercado consumidor e, principalmente os padrões culturais de consumo. Contudo, este cenário tende a mudar, justamente pela pressão exercida por novos desafios, e oportunidades econômicas advindas do novo modo de produção baseada nos conceitos circulares (PEREIRA, 2020).

Fica evidente que estes conceitos circulares envolvem uma série de mudanças e quebra de paradigmas da produção atual para uma mais abrangente, na qual as práticas de extrair e descartar são reduzidas a praticamente zero. Através dessas mudanças, o conceito de resíduo como rejeito passa a ter uma outra conotação, de que, cada material está dentro de um fluxo cíclico, possibilitando traçar a trajetória dele do berço ao berço, de produto a produto, preservando e transmitindo seu valor (OLIVEIRA; SILVA; MOREIRA, 2019).

A economia circular deve permear todas as atividades produtivas desde processos, serviços e produtos que devem ser desenhados/criados de forma inteligente e integradas para que sejam duráveis, reparáveis e atualizáveis, para permitir a remanufatura e a reciclagem pela mesma indústria ou por outras (BONCIU, 2014). Além disso, na fase de design de produtos e serviços circulares, a principal preocupação deve-se levar em conta que quando seu ciclo de vida acabar, eles serão recursos produtivos para outras indústrias (BONCIU, 2014).

Logo, a economia circular objetiva transformar processos através de uma simplificação do olhar de mercado, buscando, dentre outras ações, valorizar resíduos e promover novos negócios sustentáveis a partir dos mesmos. Podemos dizer que a logística reversa é uma das ferramentas do modelo econômico circular, que por sua vez, certamente transcende a gestão e o gerenciamento de resíduos, elevando a sustentabilidade, à, efetivamente, um modelo de negócio capaz de modificar o status quo degradador do modelo econômico linear vigente. Mas, como é possível simplificar toda esta engrenagem complexa? Através de inovações disruptivas! Para amantes dos resíduos e da sustentabilidade (como este autor!), propostas de inovações circulares, disruptivas e sustentáveis fervilham novas ideias e projetos.

Por exemplo, por que não repensar na forma com que vendemos pastas de dente? Seriam caixas das embalagens verdadeiramente necessárias? Por que não reestruturamos os processos logísticos de devolução de garrafas de refrigerantes ou de cervejas para reenvase na indústria, reduzindo assim a necessidade de novas garrafas no processo? Por que determinados condomínios ou até mesmo hotéis, não se organizam, a partir de um aplicativo para aumentar a escalabilidade da coleta seletiva em um determinado bairro ou região? Ou ainda, por que não viabilizamos a integração de restaurantes de uma mesma região para potencializar a compostagem local e produzir fertilizante para uma horta que produza as verduras que os próprios restaurantes utilizam? Por que não repensamos o design do processo de coleta de resíduos urbanos, a fim de reduzir volumes dispostos em aterros sanitários? Por que não considerar em projetos de construção civil, pequenas centrais de valorização de resíduos nos condomínios? Poderíamos ter composteiras coletivas, poderíamos gerar biogás para atendimento local (aquecimento de piscinas, churrasqueiras, iluminação etc.), poderíamos construir hortas comunitárias em telhados verdes, poderíamos prever postos de entregas voluntários para recicláveis e outras práticas de coleta seletiva, poderíamos até criar zonas de escambo entre moradores, dentre diversas outras possibilidades. São muitas ideias, mas uma certeza, a economia circular deve ser prática, colaborativa e disruptiva.

A partir da proposta de Weetman (2019), foram adaptadas algumas diretrizes que, como sugestão, podem reger e/ou ressignificar processos e produtos à circularidade, sendo elas:

- Estender ao máximo a vida útil de insumos, materiais e produtos para todos os seus ciclos planejados;
- Compreender o resíduo de hoje como um "alimento" para processos produtivos do amanhã, e não como algo inútil,

sujo e sem valor a ser descartado;

- Reduzir ou zerar a utilização de insumos e processos que gerem toxicidade à produtos e resíduos;
- Racionalizar e reter ao máximo possível o uso de recursos naturais, energia e demais insumos;
- Inovar no pensamento sistêmico para a promoção de soluções genuinamente sustentáveis para esta e futuras gerações;
- A preservação incondicional da biodiversidade, se possível, ampliando as áreas de proteção e o rigor de uso de áreas virgens;
- A partir de políticas públicas mais rigorosas, desenvolver mecanismos mais efetivos de responsabilização e punição pela geração da poluição;
- Estimular a conscientização circular a partir da sensibilização e da promoção do engajamento social em redes colaborativas e participativas;

Entretanto, vale enfatizar que cada empresa, indústria, órgão, entidade ou pessoa pode desenvolver suas próprias ações e diretrizes em prol da circularidade. Não importa se, em um primeiro momento a proposta parece pequena, o fundamental é agir! Ressignificar ações para provocar novos fluxos e negócios circulares.

Outro ponto de destaque é que o foco das ações circulares não deve estar na ambição pela ampliação de dividendos, e sim, na sustentabilidade e agregação de valor. Em um primeiro momento, para algumas indústrias e empresas, as ações circulares podem parecer meras despesas injustificáveis, no entanto, com o alinhamento estratégico de empresas codependentes, em uma relação mutualista, tende a garantir a constância de fornecimento de insumos (resíduos = alimento) para a manutenção das produções (COSENZA; ANDRADE; ASSUNÇÃO, 2020).

CAPÍTULO 2:

Política Nacional de Resíduos Sólidos (PNRS): Uma interpretação técnica

A Lei Federal n° 12.305/10, que instituiu a Política Nacional de Resíduos Sólidos (PNRS) é o mais importante instrumento orientativo para a gestão e o gerenciamento de resíduos sólidos em nosso País. Por este motivo é muito importante conhecermos e compreendermos os seus preceitos para que possamos realizar uma aplicação assertiva das premissas legais. Face a relavância para o gerenciamento de resíduos, entende-se ser importante darmos maior ênfase aos seus princípios, objetivos, instrumentos, diretrizes e classificações. Vale informar que dedicaremos um capítulo em especial para aprofundarmos o conhecimento nas diretrizes propostas pela Lei para a produção de Planos de Gerenciamento de Resíduos Sólidos.

Inicialmente, vale destacar que a PNRS passou por mais de duas décadas de discussão até a sua aprovação e efetiva entrada em vigor. De acordo com o portal do Ministério do Meio Ambiente (MMA) (2020), a história da PNRS se inicia no ano de 1991, com o Projeto de Lei n° 203 que versava sobre o acondicionamento, coleta, tratamento, transporte e destinação dos resíduos de serviços de saúde. Alguns anos após, em 1999 foi proposta a Resolução CONAMA 259, intitulada Diretrizes Técnicas para a Gestão de Resíduos Sólidos. A resolução foi aprovada pelo plenário do conselho, mas não chegou a ser publicada.

Em função da problemática que se arrastava sobre o tema, no ano de 2001, foi criada e implementada, pela Câmara dos Deputados, a Comissão

Especial da Política Nacional de Resíduos cujo principal objetivo era apreciar as matérias contempladas nos projetos de lei anexados ao Projeto de Lei nº 203/91 e formular uma proposta substitutiva global.

Já em 2003, como produto do I Congresso Latino-Americano de Catadores, foram criados três importantes direcionadores da PNRS, sendo eles: 1) A formação profissional dos catadores; 2) A erradicação dos lixões; e 3) A responsabilização dos geradores de resíduos. O ecoar destas diretrizes influenciou de forma drástica as discussões intersetoriais e, consequentemente, o texto base da então proposta de PNRS.

Dando continuidade ao processo, em 2004, o MMA deu início à uma articulação entre os diversos ministérios para a construção conjunta de uma regulamentação nacional para os resíduos. Em ato contínuo, no mesmo ano, foi realizado o seminário "Contribuições à Política Nacional de Resíduos Sólidos" que tinha por objetivo obter contribuições das organizações, governos e sociedade para a revisão do texto base da PNRS.

No ano seguinte, foi enviada ao Congresso, a primeira proposta da PNRS. Iniciou-se então um amplo debate nacional, em diversos fóruns, congressos e seminários, com o intuito de consolidar a participação social na construção e aprovação deste que é o principal instrumento de política pública para uma gestão assertiva de resíduos sólidos no Brasil.

Em 2007, o Poder Executivo propôs o projeto de lei da Política Nacional de Resíduos Sólidos (PL 1.991/07), que considerou, além da problemática ambiental dos resíduos, o estilo de vida da sociedade, estratégias de marketing do setor produtivo, aspectos de saúde pública e vários outros. Um dos principais destaques do PL nº 1.991/2007, é que o mesmo foi estruturado para compor com outras Leis importantes do setor, destacando-se a Lei de Saneamento Básico, a Lei dos Consórcios Públicos, a Política Nacional de Meio Ambiente, dentre outras.

Os anos seguintes foram marcados por mais discussões em âmbito nacional, contando com os diversos setorores produtivos, sociedade, governos e academia, até que, em 2009, chegou-se à versão final do PL da PNRS. No ano seguinte, mais precisamente em 11 de março de 2010, a proposta foi aprovada, pelo plenário da Câmara dos Deputados. Cerca de cinco meses após, em 2 de agosto de 2010, houve a aprovação pelo plenário do Senado. Desta forma, entra em vigor a Lei nº 12.305, que instituiu a PNRS e, com isso, passávamos então a, efetivamente, disciplinar a gestão e o gerenciamento de resíduos sólidos em nosso País.

Entretanto, vale destacar que, infelizmente, apesar da problemática dos resíduos sólidos sempre ter sido uma demanda urgente, em especial em face dos incomensuráveis impactos ambientais causados por uma gestão ineficente e pelo descarte inadequado, o governo federal procrastinou por praticamente 20 anos para instituir um marco legal para o setor. Apesar de já terem se passados 10 anos da instituição da PNRS, é notório que restam muitas ações a serem feitas para uma boa gestão e gerenciamento dos resíduos sólidos em nosso País, em especial quanto ao encerramento dos vazadouros (lixões), constituição dos consórcios públicos de gestão de resíduos, tarifação exclusiva para o setor, desenvolvimento de fluxos reversos e circulares etc.

2.1. Princípios, Objetivos e Instrumentos:

Como vimos, apenas em 02 de agosto de 2020 foi aprovada a Lei nº 12.305 que instituiu a PNRS. É importante destacar que a referida Lei também altera a Lei n° 9.605, de 12 de fevereiro de 1998, conhecida como a Lei de Crimes Ambientais. Em seu artigo primeiro, fica instituída, em âmbito nacional, a PNRS que dispõe sobre os princípios, objetivos e instrumentos da gestão de resíduos em nosso País. A PNRS também apresenta diretrizes para a gestão integrada e para o gerenciamento de resíduos sólidos, apresenta diretrizes para a definição das responsabilidades dos geradores e do poder público, bem como apresenta os instrumentos econômicos aplicáveis à melhoria do setor de resíduos em nosso País.

De acordo com o parágrafo primeiro, do artigo primeiro:

> § 1° Estão sujeitas à observância desta Lei as pessoas físicas ou jurídicas, de direito público ou privado, responsáveis, direta ou indiretamente, pela geração de resíduos sólidos e as que desenvolvam ações relacionadas à gestão integrada ou ao gerenciamento de resíduos sólidos. (BRASIL, 2010)

Destaca-se que o parágrafo segundo esclarece que a PNRS não se aplica aos rejeitos radioativos, sendo estes regulados por legislação específica, controlados pela Comissão Nacional de Energia Nuclear (CNEN). É importante pontuar que, segundo o artigo terceiro da PNRS, resíduo é substancialmente diferente de rejeito, por isso, as soluções de gestão devem ser ajustadas ao estágio de valorização/tratamento dos resíduos.

De acordo com a Lei, rejeitos são:

> [...] os resíduos sólidos que, depois de esgotadas todas as possibilidades de tratamento e recuperação por processos tecnológicos disponíveis e economicamente viáveis, não

> apresentem outra possibilidade que não a disposição final ambientalmente adequada; (BRASIL, 2010)

Já os resíduos sólidos são entendidos pela Lei como:

> [...] material, substância, objeto ou bem descartado resultante de atividades humanas em sociedade, a cuja destinação final se procede, se propõe proceder ou se está obrigado a proceder, nos estados sólido ou semissólido, bem como gases contidos em recipientes e líquidos cujas particularidades tornem inviável o seu lançamento na rede pública de esgotos ou em corpos d'água, ou exijam para isso soluções técnica ou economicamente inviáveis em face da melhor tecnologia disponível; (BRASIL, 2010)

Os princípios da PNRS são apresentados no artigo sexto, conforme transcrito abaixo:

I - a prevenção e a precaução;

II - o poluidor-pagador e o protetor-recebedor;

III - a visão sistêmica, na gestão dos resíduos sólidos, que considere as variáveis ambiental, social, cultural, econômica, tecnológica e de saúde pública;

IV - o desenvolvimento sustentável;

V - a ecoeficiência, mediante a compatibilização entre o fornecimento, a preços competitivos, de bens e serviços qualificados que satisfaçam as necessidades humanas e tragam qualidade de vida e a redução do impacto ambiental e do consumo de recursos naturais a um nível, no mínimo, equivalente à capacidade de sustentação estimada do planeta;

VI - a cooperação entre as diferentes esferas do poder público, o setor empresarial e demais segmentos da sociedade;

VII - a responsabilidade compartilhada pelo ciclo de vida dos produtos;

VIII - o reconhecimento do resíduo sólido reutilizável e reciclável como um bem econômico e de valor social, gerador de trabalho e renda e promotor de cidadania;

IX - o respeito às diversidades locais e regionais;

X - o direito da sociedade à informação e ao controle social;

XI - a razoabilidade e a proporcionalidade. (BRASIL, 2010)

Desta forma, enfatiza-se que a gestão e o gerenciamento dos resíduos em nosso País vão muito além do descarte correto. É urgente que haja uma expansão do olhar, em especial dos gestores públicos, a fim de que seja possível a compreensão da necessidade de serem estruturadas soluções que integrem os diversos princípios da PNRS nas estratégias municipais. Os objetivos da PNRS são apresentados no artigo sétimo da Lei, conforme transcrito abaixo:

I - proteção da saúde pública e da qualidade ambiental;

II - não geração, redução, reutilização, reciclagem e tratamento dos resíduos sólidos, bem como disposição final ambientalmente adequada dos rejeitos;

III - estímulo à adoção de padrões sustentáveis de produção e consumo de bens e serviços;

IV - adoção, desenvolvimento e aprimoramento de tecnologias limpas como forma de minimizar impactos ambientais;

V - redução do volume e da periculosidade dos resíduos perigosos;

VI - incentivo à indústria da reciclagem, tendo em vista fomentar o uso de matérias-primas e insumos derivados de materiais recicláveis e reciclados;

VII - gestão integrada de resíduos sólidos;

VIII - articulação entre as diferentes esferas do poder público, e destas com o setor empresarial, com vistas à cooperação técnica e financeira para a gestão integrada de resíduos sólidos;

IX - capacitação técnica continuada na área de resíduos sólidos;

X - regularidade, continuidade, funcionalidade e universalização da prestação dos serviços públicos de limpeza urbana e de manejo de resíduos sólidos, com adoção de mecanismos gerenciais e econômicos que assegurem a recuperação dos custos dos serviços prestados, como forma de garantir sua sustentabilidade operacional e financeira, observada a Lei nº 11.445, de 2007;

XI - prioridade, nas aquisições e contratações governamentais, para:

a) produtos reciclados e recicláveis;

b) bens, serviços e obras que considerem critérios compatíveis com padrões de consumo social e ambientalmente sustentáveis;

XII - integração dos catadores de materiais reutilizáveis e recicláveis nas ações que envolvam a responsabilidade compartilhada pelo ciclo de vida dos produtos;

XIII - estímulo à implementação da avaliação do ciclo de vida do produto;

XIV - incentivo ao desenvolvimento de sistemas de gestão ambiental e empresarial voltados para a melhoria dos processos produtivos e ao reaproveitamento dos resíduos sólidos, incluídos a recuperação e o aproveitamento energético;

XV - Estímulo à rotulagem ambiental e ao consumo sustentável. (BRASIL, 2010)

Sem dúvidas, o alcance integral dos objetivos da PNRS é ousado para qualquer empresa, município, governo e, quiçá, nação! Os objetivos abraçam múltiplas estratégias a serem adotadas que, juntas, promovem a consolidação do setor de resíduos em nosso País, promovendo ainda, a devida proteção ao meio ambiente no desenvolvimento das atividades produtivas.

Vale destacar que, em função da complexidade dos objetivos, certamente o alcance em curto e médio prazo é muito pouco provável. Por isso, é imprescindível o desenvolvimento de um arcabouço de políticas públicas comprometidas com a sustentabilidade econômica do setor e com o sadio equilíbrio ecológico, independentemente de mandatos políticos.

Quanto aos instrumentos, destaca-se que a PNRS não poupou esforços para apresentar aos gestores públicos e privados ferramentas para a sua implementação. No artigo oitavo da lei são propostos 19 instrumentos, conforme transcrito abaixo:

I - os planos de resíduos sólidos;

II - os inventários e o sistema declaratório anual de resíduos sólidos;

III - a coleta seletiva, os sistemas de logística reversa e outras ferramentas relacionadas à implementação da responsabilidade compartilhada pelo ciclo de vida dos produtos;

IV - o incentivo à criação e ao desenvolvimento de cooperativas ou de outras formas de associação de catadores de materiais reutilizáveis e recicláveis;

V - o monitoramento e a fiscalização ambiental, sanitária e agropecuária;

VI - a cooperação técnica e financeira entre os setores público e privado para o desenvolvimento de pesquisas de novos produtos, métodos, processos e tecnologias de gestão, reciclagem, reutilização, tratamento de resíduos e disposição final ambientalmente adequada de rejeitos;

VII - a pesquisa científica e tecnológica;

VIII - a educação ambiental;

IX - os incentivos fiscais, financeiros e creditícios;

X - o Fundo Nacional do Meio Ambiente e o Fundo Nacional de Desenvolvimento Científico e Tecnológico;

XI - o Sistema Nacional de Informações sobre a Gestão dos Resíduos Sólidos (Sinir);

XII - o Sistema Nacional de Informações em Saneamento Básico (Sinisa);

XIII - os conselhos de meio ambiente e, no que couber, os de saúde;

XIV - os órgãos colegiados municipais destinados ao controle social dos serviços de resíduos sólidos urbanos;

XV - o Cadastro Nacional de Operadores de Resíduos Perigosos;

XVI - os acordos setoriais;

XVII - no que couber, os instrumentos da Política Nacional de Meio Ambiente, entre eles: a) os padrões de qualidade ambiental; b) o Cadastro Técnico Federal de Atividades Potencialmente Poluidoras ou Utilizadoras de Recursos Ambientais; c) o Cadastro Técnico Federal de Atividades e Instrumentos de Defesa Ambiental; d) a avaliação de impactos ambientais; e) o Sistema Nacional de Informação sobre Meio Ambiente (Sinima); f) o licenciamento e a revisão de atividades efetiva ou potencialmente poluidoras;

XVIII - os termos de compromisso e os termos de ajustamento de conduta;

XIX - o incentivo à adoção de consórcios ou de outras formas de cooperação entre os entes federados, com vistas à elevação das escalas de aproveitamento e à redução dos custos envolvidos. (BRASIL, 2010)

Os instrumentos da PNRS apresentam elevada significância para o desenvolvimento de políticas públicas assertivas para a gestão e para o gerenciamento dos resíduos sólidos. Por exemplo, o desenvolvimento de Planos de Gestão Estaduais auxilia gestores públicos na verificação de lacunas municipais, com consequente direcionamento de verba para a estruturação de soluções que visem a implantação de programas de coleta seletiva, de reciclagem e até mesmo para o encerramento de vazadouros.

Os planos municipais podem auxiliar, através do seu diagnóstico, a encontrarmos um centro de massa de produção para a otimização de roteiros de coleta ou para a instalação de uma unidade de transbordo para ganho de escala no transporte para a disposição final.

Em paralelo, ações de educação ambiental podem auxiliar gestores públicos a alcançarem metas para destinação dos materiais recicláveis para coleta seletiva, e os consórcios podem viabilizar o equilíbrio financeiro necessário para a instalação e operação de um efetivo sistema de gerenciamento com coleta, transporte, valorização e disposição final de rejeito em aterro sanitário licenciado.

Desta forma, resta comprovado que são inúmeras as possibilidades dos instrumentos da PNRS, cabendo apenas aos gestores públicos e privados estruturarem seus processos para incorporar estes instrumentos em suas práticas de gestão!

2.2. Diretrizes e Classificação:

Para que tenhamos uma gestão e gerenciamento adequados, deve ser observada a ordem da não geração, redução, reutilização, reciclagem, tratamento e, somente após estes, a disposição final ambientalmente adequada dos rejeitos. Em síntese, de acordo com o artigo nono, espera-se que apenas rejeitos sejam encaminhados para aterros sanitários, ou seja, a hierarquia e a estratégia de gestão e, consequentemente, de valorização de resíduos sólidos no Brasil é claramente definida no bojo do artigo nono.

A hierarquia proposta no artigo nono, destaca ainda:

> § 1° Poderão ser utilizadas tecnologias visando à recuperação energética dos resíduos sólidos urbanos, desde que tenha sido comprovada sua viabilidade técnica e ambiental e com a implantação de programa de monitoramento de emissão de gases tóxicos aprovado pelo órgão ambiental.
>
> § 2° A Política Nacional de Resíduos Sólidos e as Políticas de Resíduos Sólidos dos Estados, do Distrito Federal e dos Municípios serão compatíveis com o disposto no caput e no § 1° deste artigo e com as demais diretrizes estabelecidas nesta Lei. (BRASIL, 2010)

Em síntese, o primeiro parágrafo informa que a recuperação energética dos resíduos sólidos urbanos é bem aceita, desde que comprovada a sua viabilidade técnica e ambiental e desde que haja a implantação de programa de monitoramento de emissão de gases, abrindo frente para novos negócios no segmento de resíduos em todo o País. Fato comprovado nos últimos anos pelo expressivo aumento dos investimentos neste segmento. Quanto ao segundo parágrafo, a PNRS e as políticas em nível Estadual e Municipal deverão ser compatíveis com a hierarquia proposta, reforçando a relevância desta estratégia em todo o território nacional, além de fornecer a diretriz primordial para a construção dos Planos de Gerenciamento de Resíduos.

Muitos aspectos já foram apresentados acerca da PNRS, mas, de quem é a responsabilidade pela gestão integrada dos resíduos sólidos? O artigo 10 nos traz este esclarecimento. Cabe ao Distrito Federal e aos Municípios a gestão integrada dos Resíduos Sólidos Urbanos (RSU) gerados nos respectivos territórios. Entretanto, é importante destacar que há distinção entre tipologias dos resíduos, por este motivo, haverá vários outros atores (geradores), responsáveis pela gestão de seus resíduos específicos.

Desta forma, de acordo com o artigo 13, podemos classificar os resíduos de acordo com a sua origem ou de acordo com a sua periculosidade. Quanto à origem, temos a seguinte classificação:

a) resíduos domiciliares: os originários de atividades domésticas em residências urbanas;

b) resíduos de limpeza urbana: os originários da varrição, limpeza de logradouros e vias públicas e outros serviços de limpeza urbana;

c) resíduos sólidos urbanos: os englobados nas alíneas "a" e "b";

d) resíduos de estabelecimentos comerciais e prestadores de serviços: os gerados nessas atividades, excetuados os referidos nas alíneas "b", "e", "g", "h" e "j";

e) resíduos dos serviços públicos de saneamento básico: os gerados nessas atividades, excetuados os referidos na alínea "c";

f) resíduos industriais: os gerados nos processos produtivos e instalações industriais;

g) resíduos de serviços de saúde: os gerados nos serviços de saúde, conforme definido em regulamento ou em normas estabelecidas pelos órgãos do Sisnama e do SNVS;

h) resíduos da construção civil: os gerados nas construções, reformas, reparos e demolições de obras de construção civil, incluídos os resultantes da preparação e escavação de terrenos para obras civis;

i) resíduos agrossilvopastoris: os gerados nas atividades agropecuárias e silviculturais, incluídos os relacionados a insumos utilizados nessas atividades;

j) resíduos de serviços de transportes: os originários de portos, aeroportos, terminais alfandegários, rodoviários e ferroviários e passagens de fronteira;

k) resíduos de mineração: os gerados na atividade de pesquisa, extração ou beneficiamento de minérios. (BRASIL, 2010)

Vale destacar que apenas os Resíduos Sólidos Urbanos (RSU) são competência do poder público municipal. Os demais são de responsabilidade dos diversos geradores das tipologias apresentadas. Desta forma, a construção dos Planos de Gerenciamento e a efetiva gestão desses resíduos dependem única e exclusivamente destes geradores, que devem se comprometer com esta ação para uma adequação de suas atividades aos preceitos legais e ambientais vigentes. Obviamente há uma cadeia de serviços de acondicionamento, coleta, transporte, tratamento, valorização e destino final de cada um dos resíduos apresentados acima, sendo esta a essência do setor de resíduos em nosso País.

Devido à complexidade química e gravimétrica, apenas a classificação por origem não é suficiente para uma correta caracterização dos resíduos sólidos. Por este motivo, a PNRS também propõe uma classificação em função da Periculosidade dos mesmos, sendo ela:

a) resíduos perigosos: aqueles que, em razão de suas características de inflamabilidade, corrosividade, reatividade, toxicidade, patogenicidade, carcinogenicidade, teratogenicidade e mutagenicidade, apresentam significativo risco à saúde pública ou à qualidade ambiental, de acordo com lei, regulamento ou norma técnica;

b) resíduos não perigosos: aqueles não enquadrados na alínea "a".

(BRASIL, 2010)

Cabe destacar que todas as origens dos resíduos apresentadas anteriormente podem ter componentes e/ou características perigosas ou não, a depender de seu processo de geração e acondicionamento.

2.3. Responsabilidade Compartilhada e Logística Reversa:

Ao longo dos itens anteriores, falamos um pouco sobre a responsabilidade pelo gerenciamento dos resíduos gerados. Neste tópico abordaremos com maior detalhe as diferentes responsabilidades no sistema de gerenciamento de resíduos, o conceito de responsabilidade compartilhada e os fundamentos da logística reversa.

Como vimos, apesar de tardia, a PNRS entrou de forma disruptiva em nosso País. A Lei determina que o poder público, o setor empresarial e a coletividade são responsáveis pelo cumprimento das determinações da Lei. Desta forma, muitos paradigmas tiveram que ser quebrados para o avanço da PNRS, o poder público teve que sair da inércia e propor políticas públicas, os geradores passaram a ter que expandir suas responsabilidades para uma visão sistêmica na gestão de seus resíduos e a sociedade passou a ter que participar de forma mais ativa para o sucesso das políticas propostas. Vale frisar que este é um cenário em construção e ainda há muito a fazer para que possamos considerar que, enquanto País, atendemos plenamente à PNRS.

No que tange às responsabilidades, de acordo com o artigo 26 da PNRS, o titular dos serviços públicos de limpeza urbana e de manejo de Resíduos Sólidos Urbanos (RSU) é responsável pela organização e prestação direta ou indireta desses serviços, devendo o mesmo observar, na política, a Lei de Saneamento e o Plano Municipal de Gerenciamento de Resíduos. Vale frisar que, de acordo om o artigo 28, o gerador de resíduos domiciliar (população em geral) tem a sua responsabilidade cessada a partir do momento que acondiciona adequadamente o resíduo para a coleta.

No que tange aos geradores de outros tipos de resíduos, sejam pessoas físicas ou jurídicas, estes são responsáveis pela implantação e operação do plano de gerenciamento de resíduos sólidos, que deve ter a chancela do órgão competente. Um ponto muito importante é destacado no parágrafo primeiro do artigo 27 da PNRS:

> § 1° A contratação de serviços de coleta, armazenamento, transporte, transbordo, tratamento ou destinação final de resíduos sólidos, ou de disposição final de rejeitos, não isenta as pessoas físicas ou jurídicas referidas no art. 20 da responsabilidade por danos que vierem a ser provocados pelo gerenciamento inadequado dos respectivos resíduos ou rejeitos. (BRASIL, 2010)

Entretanto, diante deste cenário de responsabilização pela gestão e gerenciamento, a PNRS nos agracia com o conceito de Responsabilidade Compartilhada. Mas o que seria esta Responsabilidade Compartilhada? De acordo com o inciso XVII do artigo terceiro da PNRS:

> "[...] é o conjunto de atribuições individualizadas e encadeadas dos fabricantes, importadores, distribuidores e comerciantes, dos consumidores e dos titulares dos serviços públicos de limpeza urbana e de manejo dos resíduos sólidos, para minimizar o volume de resíduos sólidos e rejeitos gerados, bem como para reduzir os impactos causados à saúde humana e à qualidade ambiental decorrentes do ciclo de vida dos produtos [...]"; (BRASIL, 2010)

Dessa forma todos os elos desta cadeia passam a ter que se comprometer com todo o ciclo de vida do produto e não apenas com a etapa que lhe cabe no mesmo. Apesar de não considerar estritamente o conceito de economia circular, a responsabilidade compartilhada é, direta ou indiretamente, um dos mais importantes impulsionadores deste conceito em nosso País!

Para a efetivação de uma Responsabilidade Compartilhada, é fundamental observarmos o que vem descrito no artigo 30 da Lei, conforme transcrito abaixo:

> Art. 30. É instituída a responsabilidade compartilhada pelo ciclo de vida dos produtos, a ser implementada de forma individualizada e encadeada, abrangendo os fabri-

cantes, importadores, distribuidores e comerciantes, os consumidores e os titulares dos serviços públicos de limpeza urbana e de manejo de resíduos sólidos, consoante as atribuições e procedimentos previstos nesta Seção.

Parágrafo único. A responsabilidade compartilhada pelo ciclo de vida dos produtos tem por objetivo:

I - compatibilizar interesses entre os agentes econômicos e sociais e os processos de gestão empresarial e mercadológica com os de gestão ambiental, desenvolvendo estratégias sustentáveis;

II - promover o aproveitamento de resíduos sólidos, direcionando-os para a sua cadeia produtiva ou para outras cadeias produtivas;

III - reduzir a geração de resíduos sólidos, o desperdício de materiais, a poluição e os danos ambientais;

IV - incentivar a utilização de insumos de menor agressividade ao meio ambiente e de maior sustentabilidade;

V - estimular o desenvolvimento de mercado, a produção e o consumo de produtos derivados de materiais reciclados e recicláveis;

VI - propiciar que as atividades produtivas alcancem eficiência e sustentabilidade;

VII - incentivar as boas práticas de responsabilidade socioambiental. (BRASIL, 2010)

Em tese, espera-se que estas ações disciplinem mercados e forcem a adequação dos diversos elos da cadeia para uma gestão assertiva e ambientalmente adequada dos resíduos. Destaca-se que quando da proposição da Lei, o conceito de Economia Circular era ainda um embrião com múltiplas abordagens, entretanto, em uma leitura técnica, é, absolutamente possível identificarmos muitos traços de vanguarda circular em nossa Lei.

Uma das principais ferramentas da gestão de resíduos contemporânea e, consequentemente, da circularidade, é a Logística Reversa. Mas, você sabe qual é a diferença entre Logística e Logística Reversa? Podemos entender a logística como o processo de gerenciamento estratégico da aquisição, movimentação, armazenamento e distribuição de materiais de forma a maximizar lucros através da viabilização de soluções de custo reduzido. Já a logística reversa pode ser entendida como área da logística que planeja, opera e controla o fluxo e as informações a respeito do retorno dos bens de pós-venda e de pós-consumo ao ciclo de negócios ou ao ciclo produtivo, por meio dos canais de distribuição reversos, agregando-lhes valor de diversas naturezas: econômico, ecológico, legal, logístico, de imagem corporativa (LEITE, 2017).

De acordo com o inciso XII do artigo terceiro da Lei, a Logística Reversa:

> [...] é o instrumento de desenvolvimento econômico e social caracterizado por um conjunto de ações, procedimentos e meios destinados a viabilizar a coleta e a restituição dos resíduos sólidos ao setor empresarial, para reaproveitamento, em seu ciclo ou em outros ciclos produtivos, ou outra destinação final ambientalmente adequada; (BRASIL, 2010)

Ou seja, desenvolver fluxos reversos é a base do desenvolvimento de modelos econômicos circulares! Felizmente, já temos previsão legal para constituir novos modelos de negócios, baseados na logística reversa que incentivem a circularidade em nosso País! Entretanto, vale a pena observar que a Lei não obriga o desenvolvimento de fluxos circulares para todas as tipologias de resíduos gerados no País, nem para todos os elos da cadeia de gerenciamento e valor. De acordo com o artigo 33 da PNRS, apenas os seguintes fabricantes, importadores, distribuidores e comerciantes são obrigados a desenvolver fluxos reversos:

I - agrotóxicos, seus resíduos e embalagens, assim como outros produtos cuja embalagem, após o uso, constitua resíduo perigoso, observadas as regras de gerenciamento de resíduos perigosos previstas em lei ou regulamento, em normas estabelecidas pelos órgãos do Sisnama, do SNVS e do Suasa, ou em normas técnicas;

II - pilhas e baterias;

III - pneus;

IV - óleos lubrificantes, seus resíduos e embalagens;

V - lâmpadas fluorescentes, de vapor de sódio e mercúrio e de luz mista;

VI - produtos eletroeletrônicos e seus componentes. (BRASIL, 2010)

Apesar de a lei considerar, mesmo que indiretamente, os princípios da circularidade, ela acaba por limitar atuação dos mesmos na gestão e no gerenciamento em nosso País. Por isso, deve-se ampliar a discussão para uma eventual ampliação do escopo do artigo 33. Entende-se que esta ação pode figurar como impulsionadora de novos modelos de negócios sustentáveis, fomentados pelo setor de resíduos e consequentemente amparados pela legislação ambiental vigente!

CAPÍTULO 3:

Perspectivas Técnicas do Gerenciamento de RSU

Neste capítulo iremos aprofundar o nosso conhecimento no Gerenciamento de Resíduos Sólidos Urbanos (RSU), em especial na caracterização, geração, valorização, tratamento e destinação final desta tipologia de resíduo. Discutiremos, também, a importância dos 3 R's no gerenciamento de resíduos e as dificuldades enfrentadas em âmbito nacional para o avanço da Cadeia Produtiva da Reciclagem.

Como vimos no capítulo anterior, de acordo com a PNRS, a hierarquia do gerenciamento dos resíduos se inicia com a não geração, seguida da redução, da reutilização, da reciclagem, do tratamento e, somente após todos estes, a disposição final ambientalmente adequada dos rejeitos.

Entretanto, para o caso dos RSUs, para que possamos planejar, executar, monitorar e controlar esta hierarquia de gerenciamento é fundamental que façamos um diagnóstico que envolva, minimamente, análises qualitativas e quantitativas dos materiais que, juntos, integram o que, vulgarmente, chamamos de lixo.

Mas "lixo" realmente é "lixo"? Com certeza não! Precisamos entender que "lixo" é recurso fora do lugar. Com base na análise dos artigos da PNRS anteriormente apresentados da PNRS, podemos entender que o termo "lixo" desvaloriza o potencial de aproveitamento previsto no termo "resíduo".

É nosso dever, enquanto cidadãos, atuarmos de forma ostensiva na sensibilização de pessoas e empresas acerca da importância de utilizarmos o termo "resíduo" e não o termo "lixo". De acordo com o dicionário Aurélio, "lixo" é algo cinzento, sujo e sem valor e não é isso que queremos para o nosso "resíduo", afinal, precisaremos viabilizar canais de valorização para cumprir as premissas e diretrizes da PNRS para os RSUs.

Sem esta simples ressignificação, os esforços para o avanço das estratégias de gestão e gerenciamento de resíduos são muito maiores. Esta mudança de ótica se torna um simbolo para a mudança de atitude de empresas e da sociedade como um todo.

Então, convido-o, a partir de agora, a tornar-se um militante ético desta causa. Converse com seus familiares e amigos sobre a importância desta simples ação de ressignificação. Com certeza, com base no engajamento e na colaboração, conseguiremos dar o devido valor aos nossos RSUs.

3.1. Caracterização e Geração de Resíduos Sólidos Urbanos (RSU):

Caracterizar um resíduo é, em essência, determinar seus principais aspectos físicos, químicos, biológicos, qualitativos e quantitativos. A partir desta ação, podemos planejar a viabilidade técnica, econômica e ambiental das etapas de gerenciamento deste resíduo.

Como vimos no capítulo anterior, de acordo com o artigo 13 da PNRS, os resíduos podem ser classificados de acordo com a sua origem e de acordo com a sua periculosidade. Vale destacar que a PNRS traz a imposição legal de seus termos para a sociedade como um todo, entretanto, existem outras formas de classificarmos e caracterizarmos os resíduos.

Desta forma, destaca-se a relevância da ABNT NBR 10.004: Resíduos Sólidos – Classificação, válida desde 30 de novembro de 2004, que estabelece os critérios de classificação assim como os códigos para a identificação dos resíduos de acordo com suas características.

De acordo com a referida norma, a classificação de resíduos sólidos envolve a identificação do processo ou atividade que os originou, de seus constituintes e características, assim como a comparação destes constituintes com listagens de resíduos e substâncias cujo impacto à saúde e ao meio ambiente é conhecido. As diversas listagens constam em anexo na referida norma. A segregação dos resíduos na fonte e a identificação da sua origem integram os laudos de classificação, onde a descrição de matérias-primas, de insumos e do processo de geração são fundamentais. Segundo a norma, os resíduos sólidos são classificados em: perigosos e não perigosos, sendo o último grupo subdividido em não inerte e inerte. Veremos com maiores detalhes os anexos da norma no capítulo dedicado ao Gerenciamento dos Resíduos Industriais.

Entretanto, é importante frisar que, até o advento da PNRS, somente tínhamos a referência proposta na ABNT NBR 10.004 para classificar e caracterizar resíduos sólidos em âmbito nacional. Em tese, os resíduos eram classificados apenas como perigosos e não perigosos (inertes e não inertes). Desta forma, especificamente quanto aos RSUs, destaca-se que os mesmos são classificados, de acordo com a ABNT NBR 10.004/04, como sendo resíduos não perigosos, não inertes, Classe II A.

Assim, agora, podemos passar a caracterizar um pouco melhor as características físicas, químicas, biológicas, qualitativas e quantitativas dos RSUs. Para iniciarmos o processo de gerenciamento dos RSUs precisaremos levantar, minimamente, as seguintes características:

1. Número de habitantes do município.
2. Poder aquisitivo da população.
3. Condições climáticas.
4. Hábitos e costumes da população.
5. Nível educacional.

De acordo com Vilhena (2010) a influência dos fatores citados é melhor expressa pela quantidade de resíduos gerada, pela sua composição física e parâmetros físico-químicos, todos indispensáveis ao correto prognóstico de cenários futuros. Os fatores de geração consistem basicamente na "taxa de geração per capita" e no "nível de atendimento dos serviços públicos do município".

A composição física é obtida pela determinação do percentual de seus componentes mais comuns (vidro, papel, plástico, metais etc.) através da realização de um Estudo Gravimétrico. Mas qual seria a gravimetria típica dos RSUs em nosso País? No ano de 2012, o Ministério do Meio Ambiente (MMA) produziu publicação específica sobre o tema, apresentando, os seguintes resultados sobre a média nacional:

Figura 02: Composição Gravimétrica dos RSUs Brasileiros

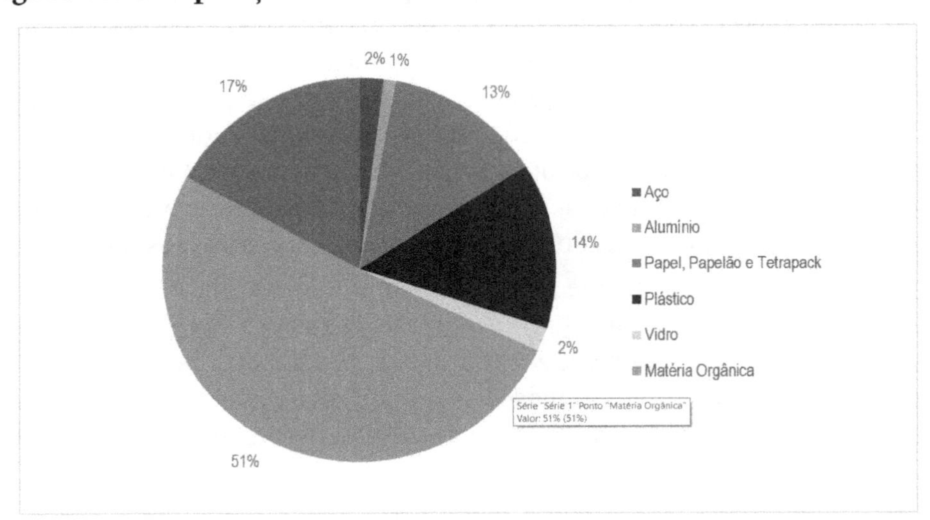

Fonte: Adaptado de Ministério do Meio Ambiente, 2012

Vale destacar que a gravimetria de uma localidade varia substancialmente em função do poder aquisitivo da população, bem como seus hábitos, costumes e cultura. Em tese, quanto menor o poder aquisitivo, menor a quantidade de resíduos gerados, sendo maior o percentual de orgânicos na fração gravimétrica e menor o percentual de materiais recicláveis. Este fato se dá pela reduzida capacidade de compra de produtos industrializados e embalagens para consumo no dia a dia da família. Da mesma forma, quanto maior o poder aquisitivo, maior é a quantidade de resíduos gerados, sendo menor o percentual de orgânicos e maior o percentual de recicláveis, isto porque, esta fração da população pode investir nas facilidades dos alimentos processados e congelados, além de adquirir, constantemente, outros produtos, gerando muitas embalagens a serem descartadas em seu dia a dia.

Outro ponto importante a se destacar é a densidade populacional. Quanto maior a densidade populacional, maior será a quantidade de RSU gerada nesta localidade. Temos casos, no Estado do Rio de Janeiro, em que bairros da cidade do Rio de Janeiro, geram quantidades de resíduos muito superiores a cidades inteiras do interior do Estado. O planejamento assertivo de ações de gerenciamento de RSU passam, obrigatoriamente, por identificar cuidadosamente a gravimetria da cidade, bem como, a sua densidade populacional, os hábitos, costumes e culturas da população!

Para Vilhena (2010), os parâmetros físicos de caracterização dos RSUs, são expressos por indicadores estratégicos tais como a umidade, a densidade e o poder calorífico, enquanto os parâmetros químicos pelos teores de elementos químicos (carbono, enxofre, nitrogênio etc.) presentes nos resíduos.

A tabela abaixo traz um compilado de informações importantes para o bom gerenciamento dos RSUs:

Quadro 01: Informações ao planejamento do gerenciamento de RSUs

Parâmetro	Descrição	Importância
Taxa de Geração Per Capita (kg/ habitante/ dia)	Quantidade de RSU gerada por habitante em um período de tempo específico. Refere-se aos pesos efetivamente coletados e à população atendida	Fundamental para o planejamento de todo o sistema de gerenciamento do resíduo, principalmente no dimensionamento de instalações e equipamentos
Composição Física	Refere-se às porcentagens das várias frações, tais como papel, papelão, vidro, madeira, plástico, trapos, orgânicos etc.	Ponto de partida para estudos de aproveitamento das diversas frações e para compostagem
Densidade aparente	Relação entre a massa e o volume dos RSUs. Calculada para as diversas etapas de gerenciamento	Determina a capacidade volumétrica dos meios de coleta, transporte, tratamento e disposição final
Umidade	Quantidade de água contida na massa de resíduo	Influencia a escolha da tecnologia de tratamento e equipamentos de coleta. Tem influência notável sobre o poder calorífico, densidade e velocidade de decomposição biológica da massa de resíduos
Poder Calorífico	É a quantidade de calor gerada pela combustão de 1Kg de resíduo misto (e não somente os materiais facilmente combustíveis)	Avaliação para instalações de incineração
Teor de matéria orgânica	Quantidade de matéria orgânica presente no RSU. Inclui matéria orgânica não putrescível (papel, papelão etc.) e putrescível (verduras, alimentos etc.)	Avaliação da utilização do processo de compostagem. Avaliação do estágio de estabilização do RSU aterrado
Composição Química	Normalmente são analisados o nitrogênio, fósforo, potássio, enxofre e carbono. Bem como a relação carbono/nitrogênio, pH e sólidos voláteis	Definição importante para a escolha do tratamento, em especial para a compostagem e para o destino final.

Fonte: Adaptado de Vilhena, 2010

Mas como fazer a estimativa de quantidade de RSU gerada em um município? Vilhena (2010) apresenta um passo a passo fundamental para a realização desta importante estimativa. Segundo o autor, podemos utilizar as fórmulas abaixo para calcularmos a Geração Atual (GA) e a Geração Futura (GF) de RSU:

$$GA = A \times B \times C0$$

$$GF = [A \times (1 + D)n] \times [B \times (1 + E)n] \times Ct$$

Onde:

GA = Geração Atual, expressa em kg/dia;

GF = Geração Futura, expressa em kg/dia;

A = População Atual, expressa em habitantes;

B = Geração Per Capita de RSU, expressa em kg/habitante/dia;

C0 = Nível de atendimento atual dos serviços de coleta de RSU, expressa em %;

D = Taxa de crescimento populacional, expressa em %;

E = Taxa de incremento da geração Per Capita de RSU, expressa em %;

Ct = Nível de atendimento atual dos serviços de coleta de RSU após "n" anos, expressa em %;

n = Intervalo de tempo considerado, expresso em anos.

Após o cálculo da geração atual e futura, para uma boa gestão, é fundamental que consigamos realizar um estudo das diferentes frações de resíduos (gravimetria) na mistura que compõe os RSUs. Mas o que seria um estudo gravimétrico? Em síntese é a realização de um diagnóstico das diferentes frações de materiais que compõem o RSU. Segundo Monteiro et al. (2001), a composição gravimétrica traduz o percentual de cada resíduo em uma amostra coletada, e isso faz com que o município conheça a composição dos seus resíduos sólidos. Monteiro (2001) destaca ainda que pode ocorrer variação de uma localidade para a outra em função das características sociais, econômicas, culturais, geográficas e climáticas da Região. Desta forma, não há certezas, mas sim tendências de geração de resíduos. Ou seja, dentro de um mesmo município podemos ter diferentes frações gravimétricas.

No Brasil, a principal fração dos RSU é matéria orgânica, que corresponde a mais de 50%, e vem seguida da fração seca, que soma 32%. De acordo com o documento de Consulta Pública do Plano Nacional de Resíduos Sólidos, publicado em 2020, apesar de uma maior participação da fração orgânica no total de RSU coletados no país, ainda se verifica que os mesmos são majoritariamente descartados de forma misturada, inviabilizando ações específicas para o aproveitamento de tal fração, o que contribui para as emissões de gases de efeito estufa.

De acordo com dados da Associação Brasileira de Empresas de Limpeza Pública e Resíduos Especiais (ABRELPE), publicados no ano de 2020 a partir do documento "Panorama dos Resíduos Sólidos 2018/2019", estima-se que, em 2018, foram geradas 79 milhões de toneladas de RSU em nosso País, deste montante, 92% (72,7 milhões) foram efetivamente coletados. Um marco notável, entretanto, não podemos nos esquecer de que aproximadamente 6,3 milhões de toneladas de RSU não foram coletados e destinados.

Entre 2017 e 2018 a geração de RSU no Brasil atingiu a marca de aproximadamente 1%, com cerca de 216.629 toneladas diárias. Quando se considera a geração per capita este índice diminui um pouco (ficando em cerca de 0,39%), pois houve, no mesmo período, um aumento da população (0,40% em média). Isso significa que, em média, cada brasileiro gerou pouco mais de 1 quilo de resíduo por dia (ABRELPRE, 2020).

Figura 03: Estimativa de Geração de RSU no Brasil

250.000
225.000
200.000
175.000
150.000
125.000
100.000
75.000
50.000
25.000
0

214.868
216.629
Área de Plotagem
2017
2018

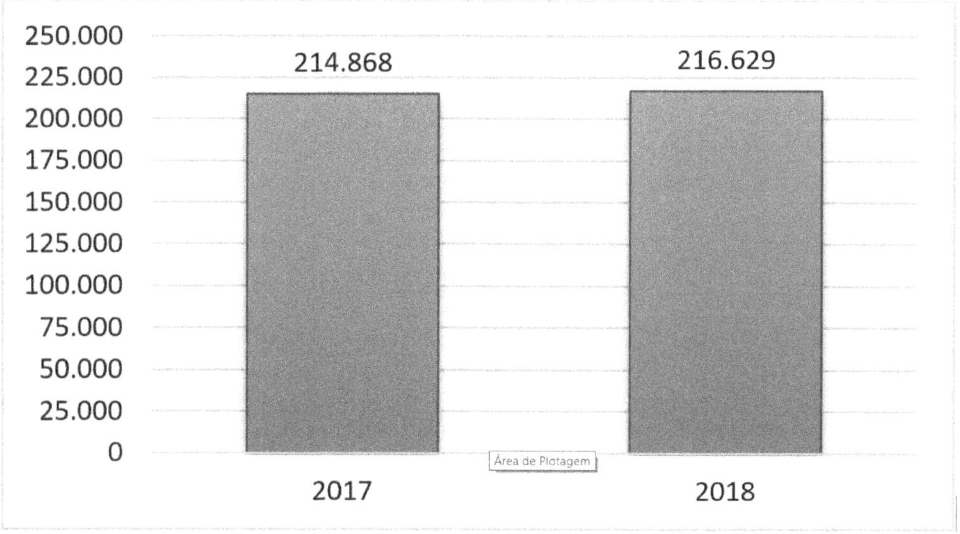

Fonte: Adaptado do Panorama dos Resíduos Sólidos, 2018/2019.

Figura 04: Estimativa de Geração Per Capita de RSU no Brasil

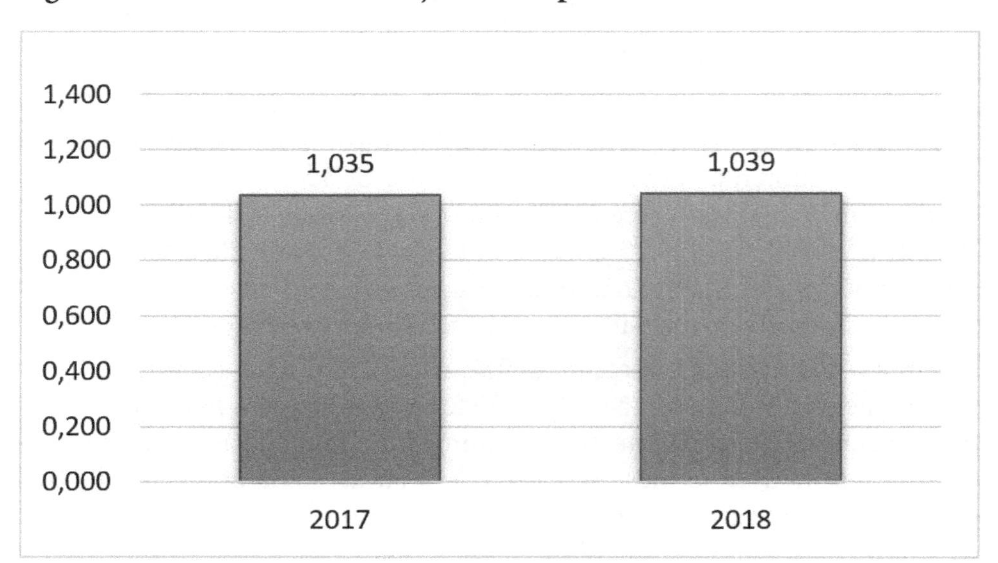

Fonte: Adaptado do Panorama dos Resíduos Sólidos, 2018/2019.

A partir das estimativas de geração diária de RSU no Brasil e, a partir da gravimetria dos RSUs proposta no Plano Nacional de Resíduos Sólidos, podemos começar a planejar metas e estratégias de coleta seletiva e reciclagem, com vistas à valorização dos RSUs. Por exemplo, se diariamente, em nosso País, geramos 216.629 toneladas de RSU e a fração gravimétrica do plástico é de 13,5%, podemos dizer que, aproximadamente, geramos 29.245 toneladas de plástico diariamente em todo o Brasil. A mesma lógica se aplica a todas as demais frações estabelecidas.

3.2. Valorização e Tratamento de Resíduos Sólidos Urbanos (RSU):

A valorização dos RSUs é a chave para um planejamento assertivo dos RSUs. Como valorizar os RSUs é estratégico para qualquer municipalidade que intencione desenvolver um sistema de gerenciamento integrado de RSU que preveja a preservação ambiental e sustentabilidade operacional.

De forma genérica, a segregação de materiais dos resíduos objetiva a valorização de suas frações. De forma análoga, podemos entender que alguns processos de tratamento podem valorizar frações presentes nos RSUs. Entretanto, cabe destacar que somente devemos segregar materiais se houver demanda para os produtos derivados desta valorização, bem se houver viabilidade técnica, ambiental e econômica neste processo de valorização.

Caso contrário, geraremos um problema futuro a ser gerenciado em local distinto da geração. Dentre as técnicas de valorização de RSU, podemos destacar a coleta seletiva, as usinas de triagem, a compostagem, a reciclagem e a recuperação energética (tratamento térmico).

3.2.1. Coleta Seletiva:

Segundo Vilhena (2010), a coleta seletiva é um sistema de recolhimento de materiais recicláveis, tais como papéis, plásticos, vidros, metais e orgânicos, segregados diretamente na fonte geradora, antes do seu recolhimento pelo titular municipal.

Estes materiais devem ser armazenados, prensados e enfardados para posterior comercialização com a indústria recicladora. O principal requisito para o desenvolvimento de canais de valorização de resíduos a partir da coleta seletiva é a análise qualitativa e quantitativa das frações gravimétricas dos RSUs gerados na municipalidade ou empresa. Apenas a partir desta análise é possível estimar as potencialidades das diferentes frações geradas, verificando o mercado e a demanda local de recicláveis, bem como as diferentes alternativas de gerenciamento.

A coleta seletiva pode ser realizada a partir de quatro modalidades distintas:

- Porta a Porta (Domiciliar): similar à coleta regular, entretanto com a recolha em dias e horários específicos para a retirada apenas de materiais recicláveis.
- Postos de Entrega Voluntária (PEV): locais de entrega em pontos fixos no município. Voluntariamente o cidadão dispõe seu reciclável, seco, segregado no coletor relativo ao resíduo segregado, geralmente em função de uma cor pré-estabelecida (Verde = Vidro / Azul = Papel / Vermelho = Plástico / Amarelo = Metais / Marrom = Orgânicos / Cinza = Rejeitos).
- Postos de Troca: locais de entrega em ponto fixo no município, nos quais o cidadão troca o seu reciclável por algum benefício específico. Pode ser desconto na conta de luz, abatimento do IPTU, vale alimentação, descontos etc.
- Catadores: em nosso País não se vislumbra a estruturação de sistemas de coleta seletiva sem a participação dos catadores de materiais recicláveis. Os catadores atuam com o garimpo de resíduos

em vias públicas e condomínios, para posterior comercialização dos recicláveis com atravessadores (comerciantes com área de armazenamento) para posterior negociação com a indústria.

É importante enfatizar que todas as modalidades de coleta seletiva carecem da construção de um Galpão de Apoio para o recebimento, segregação, prensagem, picagem, enfardamento ou embalagem para posterior comercialização. Em alguns casos há estrutura para beneficiamento primário dos materiais com a lavagem, retirada de rótulos, separação por cor etc.

A coleta seletiva é uma estratégia importante para a valorização dos RSUs, entretanto, deve estar apoiada em três pilares para o seu funcionamento:

1. **Tecnologia**: para efetuar a coleta, separação e reciclagem.
2. **Mercado**: para absorção do material recuperado.
3. **Conscientização**: para motivar a sociedade a participar.

Entende-se que, sem o atendimento destes pilares, os sistemas de coleta seletiva tendem a não lograr êxito. Por isso é fundamental o desenvolvimento de um programa integrado de coleta seletiva que envolva diversas partes interessadas, em especial, a sociedade, o poder público, os catadores e a indústria.

3.2.2. Usinas de Triagem:

As usinas de triagem são unidades de segregação planejadas para que não seja necessária qualquer alteração nas rotas de coleta regulares dos RSUs. Ou seja, não há uma modificação dos roteiros de coleta, mas sim, do local de descarte. Ao invés do descarte ocorrer em um aterro sanitário, o mesmo ocorre em uma instalação que, de forma estruturada, irá propiciar a segregação dos materiais.

É comum haver uma associação das usinas de triagem com o processo de compostagem. Trataremos estes itens em separado para a melhor compreensão dos processos, entretanto, é factível que ambos ocorram na mesma unidade, desde que haja uma preparação para tal. Quando bem operada, uma usina de triagem pode valorizar até 50% do volume de resíduos que são descarregados, entretanto, há, no mínimo, a geração de 50% de rejeitos que precisarão ser dispostos em local ambientalmente adequado.

Apesar das usinas não precisarem de alteração do roteiro convencional de coleta, elas precisarão da coleta e destinação final do rejeito do processo. Outros dois pontos a se destacar nas usinas de triagem é que elas carecem de um investimento inicial significativo para aquisição de equipamentos, em especial a esteira móvel, e a qualidade do material segregado tende a ser muito inferior que o material oriundo da coleta seletiva.

3.2.3. Compostagem:

Podemos dizer que a compostagem é a reciclagem (natural) da fração orgânica dos RSUs. As unidades de compostagem não fazem nada além de propiciar a atuação microbiológica, de forma natural ou acelerada, para que haja a degradação orgânica e consequente estabilização dos resíduos. O processo de compostagem gera o "composto orgânico" que pode ser aplicado ao solo para a melhoria de suas características, sem causar danos ao ambiente.

Quando avaliamos a gravimetria dos RSUs no Brasil, identificamos o potencial desta técnica de valorização de resíduos. Conforme visto anteriormente, os RSUs apresentam, em média, 50% de orgânicos em sua composição, logo, caso haja segregação adequada na fonte e instalações com a tecnologia necessária, é possível reduzir drasticamente os volumes de RSUs dispostos em aterros.

Vale destacar que, tal qual a coleta seletiva, só se deve investir em processo de compostagem caso haja mercado para a compra do composto orgânico, caso contrário, investiremos para valorizar uma fração que pode acabar indo para o mesmo destino do restante dos resíduos, gerando desperdício de dinheiro público.

A compostagem precisa de algumas condições específicas (temperatura, oxigênio e umidade) para que o processo ocorra adequadamente, no tempo esperado, gerando um composto passível de comercialização. O processo pode ocorrer de forma natural ou acelerada:

- **Compostagem Natural:** a fração orgânica é levada para um pátio e disposta em pilhas (leiras). A aeração necessária à ocorrência do processo é feita a partir de revolvimentos manuais ou com o uso de equipamentos específicos. O tempo de estabilização e maturação do material orgânico é de três a quatro meses.
- **Compostagem Acelerada:** a aeração ocorre de maneira forçada, através da ingestão de ar comprimido nas pilhas de composto ou reatores fechados. Geralmente a aeração ocorre por quatro dias e reduz, em média, um mês em todo

o processo de estabilização e maturação.

Podemos sintetizar o processo de compostagem em duas fases, a termófila e a mesófila. A termófila é mais curta, com duração de alguns dias, e é caracterizada pelo aumento rápido da temperatura do composto, que pode chegar até 60°C. A fase mesófila é marcada pela perda de temperatura gradual do composto, maior duração (meses), passando pelas etapas de bioestabilização, que gera um composto semicurado e depois a fase de humificação, gerando o composto curado de melhor qualidade.

3.2.4. Reciclagem:

A reciclagem deve ser entendida como um processo industrial de transformação de materiais descartados em novos produtos ou insumos. A reciclagem é o resultado de uma série de atividades pela qual os materiais que se tornariam rejeito são desviados, coletados, separados e processados para serem utilizados como matéria-prima (VILHENA, 2010).

A reciclagem é uma importante técnica de valorização de RSU pois reduz a quantidade de rejeitos aterrados, bem como preserva os recursos naturais, economiza energia, reduz impactos ambientais, propicia novos negócios e a geração de empregos diretos e indiretos.

Só há viabilidade de implantarmos coleta seletiva, usinas de triagem, e compostagem se houver uma unidade industrial que recicle as frações segregadas! Por isso, não se faz reciclagem sem a indústria! Se não houver demanda para a indústria da reciclagem, não há por que segregar materiais!

Desta forma, é muito importante que as municipalidades analisem com muito cuidado seus esforços em prol da valorização dos RSUs. Conhecer o perfil gravimétrico e a quantidade de seus resíduos, bem como avaliar o engajamento social na segregação e a existência de indústria/mercado local ou próxima são pontos críticos de sucesso para o sistema público de gerenciamento de resíduos.

3.2.5. Recuperação Energética (Tratamento Térmico):

Os RSUs podem ser submetidos ao tratamento térmico para recuperação energética antes da disposição final de suas cinzas em local ambientalmente adequado. Em função dos elevados custos de implantação e operação, o tratamento térmico deve ser adotado a partir da construção de uma política de redução de geração e da associação da tecnologia de queima à tecnologia de recuperação energética.

Os tratamentos térmicos podem ser classificados como sendo de alta ou baixa temperatura. Os de alta temperatura se aplicam aos RSUs e os de baixa temperatura a resíduos específicos, como os Resíduos de Serviço de Saúde (RSS) que veremos em unidade futura.

O tratamento térmico de alta temperatura ocorre em faixas superiores a 500°C e objetivam, principalmente, a redução de massa (em torno de 70%), do volume (em torno de 90%) e a inativação de qualquer componente perigoso ou patógeno dos resíduos. Destaca-se que este processo libera energia passível de aproveitamento, que pode ser utilizada na geração de energia elétrica, no aquecimento de água e geração de vapor ou como combustível alternativo em processos industriais. Destaca-se que a comercialização da energia reduz os custos operacionais das unidades, auxiliando em sua manutenção.

O processo térmico a alta temperatura pode ocorrer através da incineração e da decomposição térmica. A incineração é o processo mais difundido no mundo e realiza a combustão em câmara que atinge 800°C. As plantas de Waste to Energy (WTE) são plantas de incineração preparadas para a recuperação energética do processo. Os gases exaustos da câmara de combustão devem ser mantidos à temperatura maior, acima de 1.200°C, por dois segundos para que se possa garantir a conversão dos gases poluentes desprendidos do processo de combustão em gases inertes. Temos basicamente quatro tipos incinerados: 1) Combustão em Grelha; 2) Câmaras Duplas; 3) Leito Fluidizado; 4) Fornos Rotativos. A principal diferença entre as tipologias é a forma de exposição dos RSUs à chama de incineração.

A decomposição térmica ocorre em faixas próximas a 600°C, em reatores onde os teores de oxigênio ficam abaixo da quantidade necessária para a combustão completa. Dentre os processos de decomposição térmica, destacamos a pirólise, a gaseificação e a liquefação. Como subproduto dos processos de alta temperatura, temos a geração de cinzas que precisam ser dispostas em local ambientalmente adequado, autorizado pelo órgão ambiental competente.

3.3. Os 3Rs e a Cadeia Produtiva da Reciclagem:

A gestão sustentável dos resíduos sólidos pressupõe uma abordagem que tenha como referência o princípio dos 3R´s, apresentado na Agenda 21. Na hierarquia dos 3R´s, evitar a geração de resíduos causa menos impacto do que reciclá-los após o seu descarte. A reutilização propicia economia de recursos e a reavaliação de necessidades dos indivíduos e empresas. A reciclagem de materiais polui menos e envolve menor uso de recursos naturais.

Entretanto, é importante pontuar que raramente se questiona o atual padrão de produção da indústria e de consumo da população. Tal fato acaba induzindo a uma prática pouco eficiente na gestão e no gerenciamento de resíduos. Se as práticas não forem permeadas por senso crítico, não reduziremos o desperdício e, consequentemente, nem a geração de resíduos. Este é o ponto crítico da gestão e do gerenciamento de resíduos, se não expandirmos o olhar para a necessária mudança de atitude em nossos hábitos diários, ressignificando a cultura do desperdício, os 3R's figurarão apenas como mais um conceito apresentado e decorado em sala de aula.

Em síntese, a hierarquia dos 3R's é baseada no pensamento crítico que o gestor/tomador de decisão deve ter para propiciar a "Redução" a "Reutilização" e/ou a "Reciclagem" dos resíduos para que se possa propiciar uma gestão mais eficiente dos mesmos na municipalidade ou nas empresas. Atualmente há uma corrente de pensamento que vem expandido outros "Rs" nos meios acadêmico e técnico. Dentro deste conceito, vem surgindo o "Recusar", o "Repensar", "Redistribuir" etc. São todos ótimos, entretanto, devemos focar na essência da proposta da Agenda 21, que é desenvolver um olhar crítico para esta problemática e, a partir do mesmo, potencializar práticas simples para a gestão eficiente dos resíduos, e, consequentemente, para a Cadeia Produtiva da Reciclagem (CPR).

Mas você sabe o que é a Cadeia Produtiva da Reciclagem (CPR)? A CPR pode ser descrita pelos elos que ligam o consumo e a geração dos resíduos ao seu beneficiamento e, posteriormente, à sua reciclagem e à fabricação de novos produtos. Em síntese, é a essência da construção de um modelo econômico circular para os RSUs. Este processo deve ocorrer através da participação de vários atores, destacando-se a sociedade, os catadores de materiais recicláveis, os atravessadores, a indústria recicladora e as diversas esferas governamentais.

Vale pontuar que, em nosso País, vivemos um problema crônico quanto à integração dos elos da CPR. Infelizmente, a reciclagem tem sido tratada de forma isolada e não de forma integrada pela indústria, poder público e sociedade, o que, claramente, afeta a efetivação de modelos realmente sustentáveis de gestão de RSU.

Em geral, cooperativas de catadores de materiais recicláveis atuam na segregação em ambiente urbano. Como há um reduzido investimento público e privado na categoria, as cooperativas têm restrição de espaço físico para armazenamento temporário dos materiais. Em geral conseguem armazenar apenas o trabalho de 3 a 5 dias de segregação, por este motivo, precisam comercializar rapidamente o material segregado, para poderem então gerar algum retorno financeiro e então reocupar os espaços vazios em seus galpões de apoio.

Neste contexto surgem os atravessadores. Em geral, empresas de maior porte que compram os materiais recicláveis das cooperativas de catadores para armazenamento temporário, ganho de escala, transporte, negociação e venda para a indústria recicladora. O processo se baseia na lei da oferta e da procura, como em geral as cooperativas precisam vender rapidamente para liberar espaço de armazenamento, acabam vendendo por valores reduzidos, pois, neste cenário, o atravessador possui maior poder de barganha.

Como o atravessador possui área de armazenamento e mais infraestrutura do que as cooperativas de catadores, consegue comprar de várias cooperativas, em diferentes localidades e municípios, armazenar por mais tempo e gerar escalabilidade para realizar negociações mais atrativas junto à indústria.

Além disso, vale a pena destacar que a indústria da reciclagem não está amplamente presente em nosso País. A mesma acaba por se concentrar no Sul e no Sudeste do País, destacando-se a expressividade do Estado de São Paulo, que possui o maior número de unidades industriais recicladoras.

Não restam dúvidas de que a formulação de políticas públicas consistentes, apoiadas em modelos que conduzam a soluções integradas, trará possibilidades concretas para o fortalecimento da CPR em nosso País. A robustez da indústria de produtos reciclados encontra-se diretamente vinculada a uma ampla articulação de processos ambientais, sociais e econômicos. É necessário criar um cenário seguro para investimentos no setor.

A articulação, em especial do poder público, irá estimular a criação de fluxos contínuos que assegurarão a oferta de materiais recicláveis às indústrias e, consequentemente, a redução dos impactos ambientais causados pelos resíduos sólidos. Desta forma, é possível garantir um processo de destinação final apropriado e a criação de condições para a geração de trabalho, emprego e renda, além da inclusão social que o setor proporciona. A CPR é a chave para a potencialização da indústria da reciclagem no País e, consequentemente, do desenvolvimento de fluxos circulares a partir do RSUs.

Entretanto, em função da falta de integração no cenário contemporâneo, a cada segundo que se passa, centenas de toneladas de resíduos que poderiam ser valorizados através dos elos da CPR são descartadas em aterros sanitários ou lixões sem nenhum aproveitamento, causando inúmeros problemas e impactos ambientais. Infelizmente, esta ação configura um desrespeito às diretrizes da PNRS, além de chancelar a cadeia de impactos ambientais negativos do modelo econômico linear, absolutamente questionável!

Neste contexto, trazemos novamente o conceito de Logística Reversa para nossa discussão. A Logística Reversa é um dos principais instrumentos que deve permear os elos da CPR e consequentemente de um modelo econômico circular.

Apenas complementando o que vimos no capítulo anterior, frente ao modelo econômico circular, a Logística Reversa é responsável por planejar, operar e controlar o retorno dos resíduos, através dos canais de pós-venda e pós-consumo agregando valor ambiental, econômico, legal e empresarial nos processos de negócios.

Por exemplo, uma embalagem retornável de refrigerante que, após consumo do líquido, deve ser retornada ao estabelecimento de venda para propiciar a compra de um novo refrigerante. Esta é uma ação simples, mas cheia de potencial! Ela pode economizar recursos naturais para a confecção de novas garrafas, bem como reduzir o descarte de garrafas, além de aproveitar o fluxo logístico de entrega de produtos para a retirada de garrafas, gerando uma série de benefícios. É claro que o fabricante terá que adaptar a sua linha de envase para higienizar as garrafas antes de reintroduzir as mesmas, sem riscos de saúde aos seus clientes, o que demandará maiores custos operacionais e consumo de água. Entretanto, pensando de forma sustentável, os benefícios ambientais devem ser considerados nessa equação, haja visto que a indústria de bebidas está no rol das maiores poluidoras de plástico do mundo, segundo estudo realizado pela Break Free From Plastic, no ano de 2018 (https://www.breakfreefromplastic.org/). Estes são apenas alguns exemplos de como podemos desviar dos aterros sanitários e dos lixões, aquilo que seria um resíduo sem aproveitamento.

3.4. Técnicas de Disposição Final de Resíduos Sólidos Urbanos (RSU):

Você sabe quais são os elementos que integram o gerenciamento dos RSU? Até então vimos um pouco sobre as premissas, instrumentos, objetivos e diretrizes da PNRS, bem como vimos informações sobre a geração dos RSU, sobre as diversas técnicas de valorização e sobre a CPR. Neste item, inicialmente, vamos organizar todos estes componentes no termo "Gerenciamento". Segundo o "Manual de Orientações Técnicas para a Elaboração de Propostas para o Programa de Resíduos Sólidos" da Fundação Nacional da Saúde (FUNASA), publicado em 2014, o gerenciamento de RSU é composto pelas seguintes etapas:

1) **Coleta e Transporte:** ação sanitária que visa o afastamento dos resíduos do meio onde é gerado. A escolha das rotas de coleta, frequências e tipos de veículos influenciam diretamente as etapas posteriores de gerenciamento.
2) **Destinação Final:** tratamento dos resíduos que inclui reutilização, reciclagem, compostagem, recuperação e reaproveitamento energético, além de outras formas admitidas pelos órgãos ambientais. Esse tratamento tem como objetivo reduzir a quantidade e o potencial poluidor dos resíduos sólidos dispostos em aterros sanitários.
3) **Disposição Final:** distribuição ordenada de rejeitos em aterros sanitários de pequeno porte ou aterros sanitários convencionais, desde que observadas normas operacionais específicas, a fim de evitar riscos à saúde pública e à segurança e a minimizar os impactos ambientais adversos.

Como já vimos algumas das técnicas de destinação final em item anterior, vamos focar agora na apresentação das técnicas de disposição final de RSU. Em nosso País, a disposição final de RSU ocorre, basicamente, através da utilização de lixões (ou vazadouros), aterros controlados ou aterros sanitários, entretanto, vale destacar que apenas os aterros sanitários são considerados efetivamente adequados perante a PNRS.

De acordo com dados da ABRELPE (2018), o aterro sanitário é o tipo de destinação final mais utilizado no Brasil, recebendo cerca de 118.631 toneladas de resíduos por dia, um aumento de 0,4% com relação ao ano de 2017. O aterro controlado é a segunda forma de destinação final mais utilizada, recebendo cerca de 45.830 toneladas de resíduos sólidos por dia, também apresentando um aumento com relação ao ano de 2017.

Por outro lado, apesar de diminuir cerca de 0,5% com relação ao ano de 2017, 17,5% da disposição final de resíduos sólidos ainda ocorrem em lixões, recebendo cerca de 34.850 toneladas de resíduos por dia. Esses dados causam preocupação em função dos inúmeros impactos ambientais correlatos a esta prática lesiva ao meio ambiente. O Quadro 02 apresenta o tipo de destinação final por municípios em nosso País segundo o Panorama da ABRELPE de 2020:

Quadro 02: Tipos de destinação final por municípios brasileiros

Disposição Final	Brasil 2017	Regiões e Brasil 2018					
		Norte	Nordeste	Centro-Oeste	Sudeste	Sul	Brasil
Aterro Sanitário	2218	93	454	162	820	1040	2569
Aterro Controlado	1742	110	496	152	641	109	1508
Lixão	1610	247	844	153	207	42	1493
Brasil	5570	450	1794	467	1668	1191	5570

Através desses dados, pode-se constatar que, no ano de 2018, a região que mais teve municípios que destinaram os resíduos sólidos em lixões foi a região Nordeste, onde 844 munícipios adotaram este tipo de destinação final. A região Norte se apresenta logo atrás da região Nordeste, onde cerca de 247 municípios destinaram os resíduos para os lixões. A região Sul é a região que menos adotou este tipo de destinação neste ano, seguida da região Centro-Oeste. No entanto, com relação ao cenário de todas as regiões do Brasil, em 2017, 1.610 munícipios destinaram os resíduos para os lixões, enquanto em 2018 houve uma queda para 1.493 municípios.

Com relação à destinação final em aterros sanitários, a região que mais adotou esta destinação final em 2018 foi a região Sul seguida da Sudeste, apresentando juntas um total de 1.860 municípios que utilizaram os aterros sanitários. No que se refere a todas as regiões do Brasil, em 2017, 2.218 municípios destinaram seus resíduos em aterros sanitários, enquanto 2.569 municípios adotaram esta destinação em 2018, representando um aumento na disposição adequada de resíduos sólidos.

Passamos agora a detalhar um pouco mais as características técnicas e ambientais dos lixões, aterros controlados e aterros sanitários:

1) **Lixão (Vazadouro):** o lixão é uma técnica criminosa de disposição final de RSU. O Novo Marco pelo Saneamento veda esta prática e determina o encerramento de todos os lixões brasileiros até dezembro de 2020, salvo algumas condições municipais específicas. Não há premissa para licenciamento ambiental desta atividade, por isso, a operação de qualquer lixão em território nacional é considerada como um ato criminoso perante a legislação ambiental brasileira. A disposição ocorre a céu aberto, diretamente no solo, sem nenhum tipo de controle e tratamento, afetando diretamente a qualidade ambiental e a saúde da população de entorno. Os lixões atenuam a proliferação de vetores, que possuem alta capacidade de transmissão de doenças e, por isso, apresentam risco às pessoas que manuseiam os resíduos como maneira de sobrevivência. O líquido percolado, o chorume, que possui alta toxicidade, flui direta-

mente para o solo, causando contaminação no solo e nas águas pluviais. Tornando imprestável o cultivo e captação de água em lençol freático atingido pelos elevados riscos à saúde derivados de eventuais ingestões de seus contaminantes. Nos lixões não há sistema de impermeabilização de base, não há conformação geotécnica, não há sistema de drenagem pluvial, não há sistema de drenagem de biogás, não há sistema de drenagem de chorume, não há recobrimento diário e geralmente conta com a presença de catadores em condições totalmente insalubres de trabalho e muitos vetores aéreos (urubus, garças, moscas, mosquitos etc.) e terrestres (ratos, baratas, pulgas etc.)

2) **Aterro Controlado:** os aterros controlados são áreas que se apresentam ambientalmente melhores que os lixões, porém não são eficientes no tratamento de resíduos sólidos como os aterros sanitários. Na verdade, os aterros controlados nada mais são do que lixões em estágio de recuperação parcial, pois, apesar dos esforços operacionais em organizar as frentes de trabalho (compactação, taludamento, recobrimento etc.) e em gerenciar as águas pluviais, biogás e de chorume, a ausência de sistemas de impermeabilização de base mantém o cenário de contaminação constante do solo e das águas pluviais durante o seu ciclo operacional e décadas após o seu encerramento. O licenciamento ambiental de aterros controlados é possível se for com o foco na recuperação e encerramento da atividade, ou seja, é concedido o direito à recuperação com operação concomitante por um espaço de tempo reduzido até que se viabilize solução ambientalmente adequada. Os aterros controlados possuem características relativas aos vazadouros e alguns elementos de controle típicos dos aterros sanitários.

3) **Aterro Sanitário:** de acordo com a ABNT NBR 8.419/92, o aterro sanitário é uma forma de disposição de resíduos no solo sem causar danos à saúde pública e à sua segurança, reduzindo impactos ambientais. Este método confina os resíduos sólidos na menor área possível, cobrindo-os com uma camada de terra (ABNT, 1992). Aterro sanitário é um processo utilizado para disposição final de resíduos/rejeitos no solo, fundamentado em critérios de engenharia e normas operacionais específicas, visando à preservação do meio ambiente. É a tecnologia universal de disposição final de RSU sendo imprescindível, mesmo nos países onde existem outras tecnologias de valorização e tratamento, como incineração, compostagem e reciclagem. No Brasil a utilização de aterros sanitários vem se expandido para o cumprimento da PNRS.

Vale destacar que os RSUs devem ser reciclados, tratados e/ou reutilizados, com o objetivo de prolongar a vida útil dos aterros sanitários. Desta forma somente os rejeitos deveriam ser enviados, um desafio para gestores públicos e privados do setor. A utilização deste método apresenta-se, para países em desenvolvimento, como uma das melhores alternativas econômicas e ambientais, em oposição aos lixões e aos aterros controlados. Vale lembrar também que os municípios são responsáveis pelo gerenciamento e, uma vez que o investimento municipal é escasso, esta técnica mostra-se com um bom custo-benefício. Nos aterros sanitários, é obrigatória a instalação de sistema de impermeabilização de base dentro de todos os perímetros que receberão resíduos, os acessos à frente de trabalho são definidos em projeto e as células de disposição final de RSU possuem sistemas de controle ambiental. O plano de avanço do maciço é definido em projeto, há recobrimento diário da frente de trabalho, bem como sistema de drenagem pluvial, drenagem de biogás e drenagem de chorume que acompanhe todas as etapas operacionais, desde a fundação. A conformação geotécnica do aterro sanitário é definida em projeto e há monitoramento geotécnico ao longo de toda a vida útil, bem como monitoramento da qualidade ambiental do chorume, do biogás e do entorno do empreendimento. Nos aterros sanitários não é permitida a atividade de catação, por esta ser considerada como insalubre. O aterro sanitário é licenciável ambientalmente pelo poder público, carecendo de elaboração de Estudo de Impacto Ambiental (EIA) para concessão de licença prévia, projeto detalhado para concessão de licença de instalação e implantação dentro dos requisitos técnicos, legais e normativos para a concessão de licença de operação. Vale frisar que a construção e a operação de aterros sanitários geram impactos ambientais, por isso, é necessário muito rigor no licenciamento ambiental e no controle operacional da atividade.

É importante pontuar que encerrar lixões, implantar e operar aterros sanitários são passos essenciais para consolidar um sistema de gestão de RSU eficiente e sustentável. Entretanto, é fundamental ir além dos conceitos e avaliar a real qualidade da prestação desse serviço público. Encerrar vazadouros é uma prioridade ambiental e de saúde pública, entretanto, não podemos nos esquecer de acompanhar o desempenho operacional dos aterros sanitários.

CAPÍTULO 4:

Perspectivas Técnicas do Gerenciamento de RCC

Aprofundaremos agora as informações sobre o Gerenciamento de Resíduos da Construção Civil (RCC), em especial nos aspectos normativos, etapas do gerenciamento, valorização e tratamento de destinação final. A construção civil é um importante segmento da indústria brasileira, tida como um indicador de crescimento econômico e social. Contudo, esta também se constitui em uma atividade geradora de significativos impactos ambientais. Além do intenso consumo de recursos naturais, as grandes construções acarretam a alteração da paisagem e, como todas as demais atividades da sociedade, geram resíduos, mais especificamente os Resíduos da Construção Civil (RCC).

Os RCC representam um grave problema ambiental em muitas cidades brasileiras. Segundo o IPEA (2012), a disposição irregular pode gerar problemas de ordem estética, ambiental e de saúde pública. Quando transcendemos a disposição irregular, é possível que eles se configurem como um indutor de sobrecarga nos sistemas de limpeza pública municipais, visto que, no Brasil, os RCC podem representar de 50% a 70% da massa dos RSUs (BRASIL, 2005).

4.1. Caracterização e Geração de Resíduos da Construção Civil (RCC):

Caracterizar um resíduo é, em essência, determinar seus principais aspectos físicos, químicos, biológicos, qualitativos e quantitativos. Seguiremos esta mesma lógica para todos os demais resíduos que trabalharemos ao longo deste e dos próximos capítulos.

Os RCC são uma das tipologias de resíduos de acordo com o artigo 13 da PNRS. De acordo com a ABNT NBR 10.004, os RCCs podem ser classificados como perigosos, Classe I, não perigosos não inertes, Classe II A e não perigosos, inertes, Classe II B, a depender do material.

Mas quem são os principais responsáveis pela geração dos RCCs? De acordo com o Manual de Gestão de RCC do MMA (2010), podemos dividir os geradores de RCC em três categorias:

1. Executores de reformas, ampliações e demolições: atividade que, raramente são formalizadas com a aprovação de plantas e solicitação de alvarás, mas que, no conjunto, consiste na fonte principal desses resíduos.
2. Construtores de edificações novas, multifamiliares e diversos pavimentos, cujas atividades quase sempre são formalizadas.
3. Construtores de novas residências individuais, quase sempre autoconstruídas e informais.

Figura 05: Origem dos RCCs no Brasil (2010)

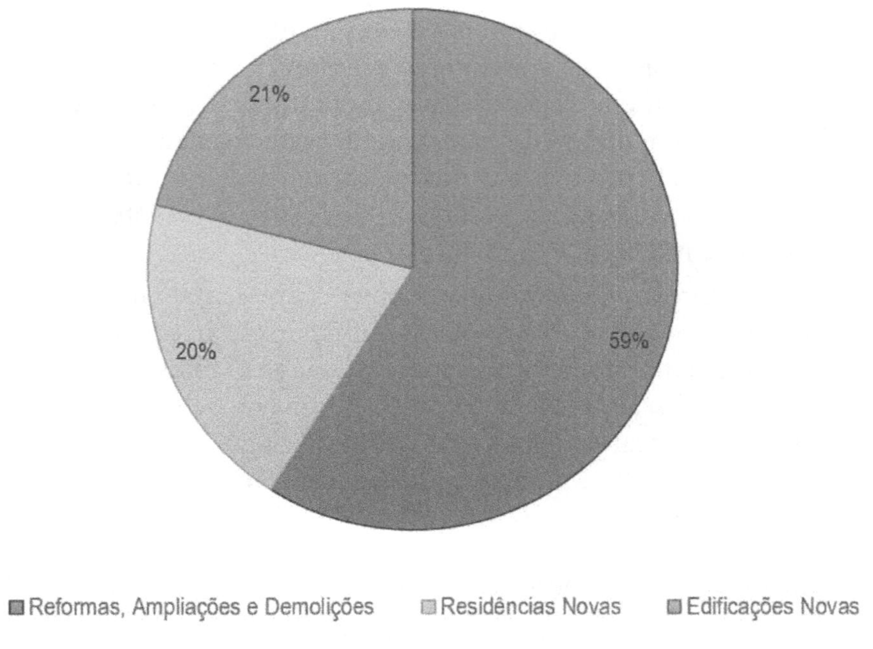

Fonte: Adaptado do Manual de Gestão de Resíduos da Construção Civil - MMA, 2010.

É importante destacar que, conforme PNRS, a responsabilidade pela gestão dos RCC é sempre do gerador. Diferentemente dos RSUs, a gestão de RCC não é competência das Prefeituras, entretanto, quando o resíduo é disposto irregularmente no território municipal, a Prefeitura torna-se responsável pelo mesmo, por isso, é necessário que poder público esteja sempre atuando na fiscalização, comando e controle das atividades geradores, transportadores e estruturas de valorização.

Segundo Pucci (2006, p. 22), historicamente o manejo dos RCC esteve a cargo do poder público, que enfrentava o problema de limpeza e recolhimento dos RCC depositados em locais inapropriados, como áreas públicas, canteiros, ruas, praças e margens de rios. De forma geral, os RCC são vistos como resíduos de baixa periculosidade, estando o impacto ambiental associado, em especial, ao grande volume gerado.

Contudo, nestes resíduos também são encontrados materiais orgânicos, produtos perigosos e embalagens diversas que podem acumular água e favorecer a proliferação de insetos e de outros vetores de doenças (KARPINSK et al., 2009, p 8).

Segundo Nagalli (2014), as características dos RCCs dependem basicamente do processo construtivo que deu origem a eles e o material de que são constituídos. O RCC é uma mistura extremamente heterogênea com diversos materiais minerais, madeira, aço, ferro etc. De acordo com Hernandes e Vilar (2004) apud Nagali (2014), podemos caracterizar o RCC a partir das seguintes frações gravimétricas:

Figura 06: Composição Gravimétrica dos RCC

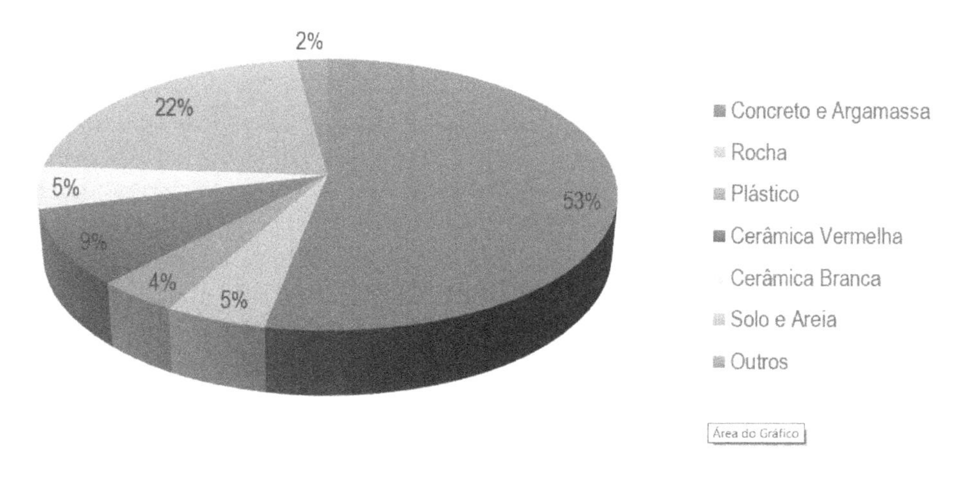

Fonte: Adaptado de Hernandes; Vilar, 2004 apud Nagali, 2014, p. 62.

Percebemos que os RCCs gerados no Brasil possuem predominância de concreto e argamassa, estando nesta fração o maior potencial de aproveitamento e valorização dos RCC. Segundo Nagalli (2014, p. 62) a gravimetria apresentada reflete as práticas técnicas da construção civil nacional. A mesma análise realizada nos Estados Unidos ou na Europa certamente traria resultados muito diferentes em função das técnicas construtivas adotadas nos demais países.

Mas quanto se gera de RCC? A quantificação de RCC não é tarefa fácil em função do amplo descarte ilegal desta tipologia de resíduos. De acordo com a ABRELPE (2020), os serviços de limpeza urbana dos municípios coletaram, em 2018, 122.012 toneladas desse tipo de resíduo por dia no Brasil. Vale frisar que esse quantitativo está referido apenas aos resíduos descartados irregularmente nos logradouros públicos, conforme anteriormente esclarecido.

A quantidade constatada leva a uma geração per capita estimada de 0,585 Kg/hab./dia de RCC em nosso País. Vale frisar que esta taxa de geração varia de forma significativa conforme avaliamos as diferentes condições de cada Região Brasileira, conforme quadro abaixo:

Quadro 03: Geração de RCC nas difernetes Regiões Brasileiras

Região	Total (Toneladas/dia)	Per Capita (Kg/hab./dia)
Norte	4.709	0,259
Nordeste	24.123	0,425
Centro-Oeste	13.255	0,824
Sudeste	63.679	0,726
Sul	16.246	0,546

Fonte: Adaptado de ABRELPE, 2020.

Da mesma forma que vimos nos RSUs, a partir das estimativas de geração diária e a partir da gravimetria dos RSUs proposta por Hernandes e Vilar (2004) apud Nagali (2014, p. 62), podemos começar a planejar estratégias para a gestão municipal dos RCCs. Entretanto, vale frisar que os números refletem apenas o cenário do descarte irregular. Para uma gestão otimizada, que envolva um estudo mais detalhado da viabilidade técnica, econômica e ambiental do desenvolvimento de etapas de gerenciamento dos RCCs, é fundamental realizar um diagnóstico das principais empresas geradoras, dos transportadores, dos locais de valorização/beneficiamento e dos locais de armazenamento temporário.

4.2. Aspectos Legais e Normativos da Gestão de RCC

Em nosso País temos uma quantidade significativa de leis, resoluções e normas que, direta ou indiretamente, versam sobre a gestão e o gerenciamento dos RCCs. O quadro abaixo apresenta as principais leis e resoluções na esfera nacional:

Quadro 04: Principais referências legais e resoluções federais

Documento	**Descrição**
Decreto 7.404/10	Regulamenta a Lei 12.305/10 que instituiu a PNRS
Lei Federal 12.305/10	Institui a PNRS
Lei Federal 11.445/07	Estabelece diretrizes para o Saneamento Ambiental
Lei Federal 10.257/01	Estabelece o Estatuto das Cidades
Lei Federal 9.605/98	Lei de Crimes Ambientais
Lei Federal 6.938/81	Institui a PNMA
Resolução CONAMA 307/02	Estabelece diretrizes, critérios e procedimentos para a gestão dos RCC
Resolução CONAMA 348/04	Altera a Resolução CONAMA 307/02, incluindo o Amianto como resíduo perigoso
Resolução CONAMA 431/11	Altera os incisos II e III do artigo terceiro da Resolução CONAMA 307/02
Resolução CONAMA 448/12	Altera os artigos segundo, quarto, quinto, sexto, oitavo, nono e décimo da Resolução CONAMA 307/02 e revoga os artigos sétimo, doze e treze
Resolução CONAMA 469/15	Altera o inciso II do artigo terceiro e inclui os parágrafos primeiro e segundo do artigo terceiro

Fonte: Diagnóstico dos Resíduos Sólidos da Construção Civil – Relatório de Pesquisa: IPEA, 2012.

O quadro a seguir apresenta as normas da Associação Brasileira de Normas Técnicas (ABNT) relativas ao gerenciamento dos RCCs.

Quadro 05: Principais referências normativas

Documento	Descrição
Decreto 7.404/10	Regulamenta a Lei 12.305/10 que instituiu a PNRS
Lei Federal 12.305/10	Institui a PNRS
Lei Federal 11.445/07	Estabelece diretrizes para o Saneamento Ambiental
Lei Federal 10.257/01	Estabelece o Estatuto das Cidades
Lei Federal 9.605/98	Lei de Crimes Ambientais
Lei Federal 6.938/81	Institui a PNMA
Resolução CONAMA 307/02	Estabelece diretrizes, critérios e procedimentos para a gestão dos RCC
Resolução CONAMA 348/04	Altera a Resolução CONAMA 307/02, incluindo o Amianto como resíduo perigoso
Resolução CONAMA 431/11	Altera os incisos II e III do artigo terceiro da Resolução CONAMA 307/02
Resolução CONAMA 448/12	Altera os artigos segundo, quarto, quinto, sexto, oitavo, nono e décimo da Resolução CONAMA 307/02 e revoga os artigos sétimo, doze e treze
Resolução CONAMA 469/15	Altera o inciso II do artigo terceiro e inclui os parágrafos primeiro e segundo do artigo terceiro

Fonte: Diagnóstico dos Resíduos Sólidos da Construção Civil – Relatório de Pesquisa: IPEA, 2012.

Como visto, temos um longo repertório de leis, resoluções e normas que disciplinam o gerenciamento dos RCC no Brasil. Neste subitem, passaremos a apresentar com mais detalhes a Resolução CONAMA 307/02. Nos itens subsequentes prepararemos uma mescla das principais informações das referências citadas.

A Resolução CONAMA 307/02 já sofreu algumas modificações desde a sua publicação, como vimos, as atualizações vieram a partir das Resoluções CONAMA 348/04, 431/11, 448/12 e 469/15.

No artigo primeiro da Resolução 307/02, fica definido seu objetivo: "Estabelecer diretrizes, critérios e procedimentos para a gestão dos resíduos da construção civil, disciplinando as ações necessárias de forma a minimizar os impactos ambientais". Ou seja, a resolução é a espinha dorsal do gerenciamento dos RCCs em âmbito nacional, por isso sua alta relevância para os gestores de resíduos.

Em seu artigo segundo, são trazidas diversas definições importantes para o bom gerenciamento dos RCC. Transcrevemos abaixo as mais relevantes:

I - Resíduos da construção civil: são os provenientes de construções, reformas, reparos e demolições de obras de construção civil, e os resultantes da preparação e da escavação de terrenos, tais como: tijolos, blocos cerâmicos, concreto em geral, solos, rochas, metais, resinas, colas, tintas, madeiras e compensados, forros, argamassa, gesso, telhas, pavimento asfáltico, vidros, plásticos, tubulações, fiação elétrica etc., comumente chamados de entulhos de obras, caliça ou metralha;

II - Geradores: são pessoas, físicas ou jurídicas, públicas ou privadas, responsáveis por atividades ou empreendimentos que gerem os resíduos definidos nesta Resolução;

III - Transportadores: são as pessoas, físicas ou jurídicas, encarregadas da coleta e do transporte dos resíduos entre as fontes geradoras e as áreas de destinação;

IV - Agregado reciclado: é o material granular proveniente do beneficiamento de resíduos de construção que apresentem características técnicas para a aplicação em obras de edificação, de infraestrutura, em aterros sanitários ou outras obras de engenharia;

VI - Reutilização: é o processo de reaplicação de um resíduo, sem transformação do mesmo;

VII - Reciclagem: é o processo de reaproveitamento de um resíduo, após ter sido submetido à transformação;

VIII - Beneficiamento: é o ato de submeter um resíduo a operações e/ou processos que tenham por objetivo dotá-los de condições que permitam que sejam utilizados como matéria-prima ou produto;

IX - Aterro de resíduos classe A de reservação de material para usos futuros: é a área tecnicamente adequada onde serão empregadas técnicas de destinação de resíduos da construção civil classe A no solo, visando a reservação de materiais segregados de forma a possibilitar seu uso futuro ou futura utilização da área, utilizando princípios de engenharia para confiná-los ao menor volume possível, sem causar danos à saúde pública e ao meio ambiente e devidamente licenciado pelo órgão ambiental competente; (nova redação dada pela Resolução 448/12)

X - Área de transbordo e triagem de resíduos da construção civil e resíduos volumosos (ATT): área destinada ao recebimento de resíduos da construção civil e resíduos volumosos, para triagem, armazenamento temporário dos materiais segregados, eventual transformação e posterior remoção para destinação adequada, observando normas operacionais específicas de modo a evitar danos ou riscos a saúde pública e a segurança e a minimizar os impactos ambientais adversos. (nova redação dada pela Resolução 448/12) (CONAMA, 2002, p. 1)

De acordo com o artigo terceiro da resolução, os RCCs podem ser classificados de acordo com as suas características e materiais constituintes. Desta forma, a norma subdivide os RCCs em Classe A, Classe B, Classe C e Classe D, conforme apresentado na figura abaixo:

CLASSE A	CLASSE B	CLASSE C	CLASSE D
São os resíduos reutilizáveis ou recicláveis como agregados, tais como: a) de construção, demolição, reformas e reparos de pavimentação e de outras obras de infraestrutura, inclusive solos provenientes de terraplanagem; b) de construção, demolição, reformas e reparos de edificações: componentes cerâmicos (tijolos, blocos, telhas, placas de revestimento etc.), argamassa e concreto; c) de processo de fabricação e/ou demolição de peças pré-moldadas em concreto (blocos, tubos, meio-fios etc.) produzidas nos canteiros de obras;	São os resíduos recicláveis para outras destinações, tais como plásticos, papel, papelão, metais, vidros, madeiras, embalagens vazias de tintas imobiliárias e gesso;	são os resíduos para os quais não foram desenvolvidas tecnologias ou aplicações economicamente viáveis que permitam a sua reciclagem ou recuperação;	São resíduos perigosos oriundos do processo de construção, tais como tintas, solventes, óleos e outros ou aqueles contaminados ou prejudiciais à saúde oriundos de demolições, reformas e reparos de clínicas radiológicas, instalações industriais e outros, bem como telhas e demais objetos e materiais que contenham amianto ou outros produtos nocivos à saúde.

Figura 07: Classificação dos RCCs segundo à Resolução CONAMA 307/02

Percebemos uma significativa diferença entre as classes. Esta é uma questão proposital para facilitar o fluxo de gerenciamento de forma diferenciada para cada uma das classes estabelecidas. Ainda quanto à classificação, vale destacar dois pontos importantes trazidos pela Resolução CONAMA 469/15:

> § 1º No âmbito dessa resolução consideram-se embalagens vazias de tintas imobiliárias, aquelas cujo recipiente apresenta apenas filme seco de tinta em seu revestimento interno, sem acúmulo de resíduo de tinta líquida.

> § 2º As embalagens de tintas usadas na construção civil serão submetidas a sistema de logística reversa, conforme requisitos da Lei nº 12.305/2010, que contemple a destinação ambientalmente adequados dos resíduos de tintas presentes nas embalagens". (CONAMA, 2015)

Ou seja, latas de tinta vazias e secas são consideradas como embalagens e podem ser encaminhadas à reciclagem, caso contrário, as mesmas devem ser consideradas como resíduos perigosos.

Assim como temos uma hierarquia de gerenciamento para os RSUs, a Resolução CONAMA 307/04 também propõe em seu artigo quarto uma estratégia:

Art. 4º Os geradores deverão ter como objetivo prioritário a não geração de resíduos e, secundariamente, a redução, a reutilização, a reciclagem, o tratamento dos resíduos sólidos e a disposição final ambientalmente adequada dos rejeitos.

Vale um destaque especial para o parágrafo primeiro do artigo quarto:

> § 1º Os resíduos da construção civil não poderão ser dispostos em aterros de resíduos sólidos urbanos, em áreas de "bota fora", em encostas, corpos d'água, lotes vagos e em áreas protegidas por Lei.

Desta forma o parágrafo primeiro do artigo quarto veda a disposição final dos RCCs, devendo estes serem armazenados temporariamente, possibilitando a extração futura, quando houver necessidade ou viabilidade para tal, mesmo que seja em aterros de inertes! Logo não há disposição final para RCC, apenas reservação temporária.

4.3. Etapas do Gerenciamento do RCC

Até então vimos um pouco sobre as premissas, instrumentos, objetivos e diretrizes da PNRS, bem como vimos informações específicas sobre o gerenciamento dos RCCs de acordo com a Resolução CONAMA 307/02. A partir de agora vamos conhecer um pouco mais sobre as diversas etapas de gerenciamento dos RCCs.

Para os RCCs adaptamos a mesma lógica do "Manual de Orientações Técnicas para a Elaboração de Propostas para o Programa de Resíduos Sólidos" da Fundação Nacional da Saúde (FUNASA). Desta forma, o gerenciamento dos RCCs pode ser composto pelas seguintes etapas:

1) Coleta e Transporte: ação sanitária que visa o afastamento dos resíduos do meio em que é gerado. A escolha das rotas de coleta, fre-

quências e tipos de veículos influenciam diretamente as etapas posteriores de gerenciamento.

2) Destinação Final: é o tratamento dos resíduos que inclui a reutilização e a reciclagem dentre outras formas admitidas pelos órgãos ambientais. Para os RCCs, destacam-se os Postos de Entrega Voluntária (PEV), as Áreas de Transbordo e Triagem (ATT) e as Usinas de Reciclagem (URRCC).

3) Disposição Final: conceitualmente, é a reservação temporária dos resíduos inertes em aterros que possibilitem remoção futura, quando houver viabilidade econômica para tal.

O detalhamento das informações acerca da destinação e disposição será apresentado no próximo subitem do nosso capítulo. Comparativamente aos RSU, o gerenciamento dos RCC possui uma cadeia de processos mais simplificada, entretanto, de acordo com o artigo oitavo da Resolução CONAMA 307/02, os geradores devem elaborar seus Planos de Gerenciamento de Resíduos da Construção Civil (PGRCC) tendo como objetivo estabelecer os procedimentos necessários para o manejo e destinação ambientalmente adequados dos resíduos.

Segundo o parágrafo primeiro do artigo oitavo, os PGRCC de empreendimentos e atividades que não dependem de licenciamento ambiental deverão ser apresentados juntamente com o projeto a ser legalizado no órgão competente do poder público, em conformidade com o PGRCC municipal.

Já os PGRCC de atividades sujeitas ao licenciamento ambiental devem ser analisados pelo órgão ambiental competente durante o rito de licenciamento ambiental. Ou seja, caso haja necessidade de autorização municipal e/ou licenciamento ambiental da atividade (Estadual / Municipal / Federal), será obrigatória a elaboração de PGRCC pelo gerador. Para o caso de pequenas reformas, nas quais não é necessária regularização ou licenciamento ambiental, não é obrigatória a apresentação do PGRCC, salvo casos em que legislação específica, de âmbito municipal ou Estadual exijam. Mas qual é a estrutura mínima do PGRCC? Teremos um capítulo específico sobre a construção de Planos de Gerenciamento, entretanto, é importante destacar as premissas propostas pelo artigo nono da Resolução CONAMA 307/02. De acordo com a Resolução, o PGRCC deve conter, minimamente, informações sobre as seguintes etapas de gerenciamento:

I - Caracterização: nesta etapa o gerador deverá identificar e quantificar os resíduos;

II - Triagem: deverá ser realizada, preferencialmente, pelo gerador na origem, ou ser realizada nas áreas de destinação licenciadas para essa finalidade, respeitadas as classes de resíduos estabelecidas no artigo terceiro da Resolução 307/02.

III - Acondicionamento: o gerador deve garantir o confinamento dos resíduos após a geração até a etapa de transporte, assegurando em todos os casos em que seja possível, as condições de reutilização e de reciclagem;

IV - Transporte: deverá ser realizado em conformidade com as etapas anteriores e de acordo com as normas técnicas vigentes para o transporte de resíduos;

V - Destinação: deverá ser prevista de acordo com o estabelecido no artigo décimo da Resolução 307/02. (CONAMA, 2002)

De acordo com o artigo décimo da Resolução CONAMA 307/02, após a triagem dos RCCs, os mesmos deverão ser destinados das seguintes formas:

CLASSE A	CLASSE B	CLASSE C	CLASSE D
Deverão ser reutilizados ou reciclados na forma de agregados ou encaminhados a aterro de resíduos classe A de reservação de material para usos futuros.	Deverão ser reutilizados, reciclados ou encaminhados a áreas de armazenamento temporário, sendo dispostos de modo a permitir a sua utilização ou reciclagem futura.	Deverão ser armazenados, transportados e destinados em conformidade com as normas técnicas específicas.	Deverão ser armazenados, transportados e destinados em conformidade com as normas técnicas específicas.

Figura 08: Destinação dos RCCs segundo à Resolução CONAMA 307/02

É fundamental que o gestor de resíduos consiga mapear todas as partes interessadas no processo de gerenciamento dos RCCs sob sua responsabilidade. Obviamente, não se trata apenas de controle do gerador, mas sim de um conjunto de atores que também são fundamentais para o gerenciamento assertivo dos RCCs. Desta forma, de acordo com Nagalli (2014, p. 35), é fundamental que sejam desenvolvidas técnicas de monitoramento e controle das seguintes partes interessadas:

1. Geradores: pessoas físicas ou jurídicas, públicas ou privadas, responsáveis por atividades ou empreendimentos que gerem os RCC conforme estabelecido na Resolução CONAMA 307/02.
2. Transportadores: pessoas físicas ou jurídicas, públicas ou privadas, responsáveis pela coleta e transporte dos RCCs entre os geradores e as áreas de destinação.

3. Destinatários: áreas ou empreendimentos destinados ao beneficiamento ou à disposição dos resíduos, inclusive recicladoras e aterros de inertes.
4. Agentes licenciadores: órgãos públicos ou entidades responsáveis por verificar o cumprimento dos requisitos técnicos das atividades.
5. Fornecedores: pessoas físicas ou jurídicas, públicas ou privadas, responsáveis pelo fornecimento de produtos e serviços.
6. Clientes: pessoas interessadas na aquisição de um bem ou serviço gerador de RCC.
7. Consultores: pessoas físicas ou jurídicas, responsáveis por orientar os geradores, transportadores e/ou destinatários quanto à necessidade do cumprimento de requisitos técnicos.
8. Auditores: pessoas físicas ou jurídicas, responsáveis por verificar, a pedido de uma das partes interessadas, o cumprimento de requisitos técnicos.
9. Pesquisadores: pessoas geralmente vinculadas à universidades ou institutos de pesquisa cujo objetivo é investigar, desenvolver, aprimorar ou compreender processos ou materiais no âmbito do gerenciamento dos RCCs.

Desta forma, fica evidente a necessidade de uma boa comunicação entre as partes interessadas. Por isso a documentação e registro das atividades inerentes ao gerenciamento dos RCC são fundamentais para evitar conflitos entre as partes interessadas e os impactos ambientais da disposição inadequada dos RCCs.

Com tantas partes interessadas engajadas em um único propósito, é quase impossível que não haja desencontros. Esta não é uma característica apenas dos RCCs, mas sim de todas as tipologias de resíduos. Estes desencontros podem levar a infrações ambientais e, consequentemente, a multas aplicadas pelo órgão ambiental competente. Por exemplo, o artigo 54 da Lei 9.605/98:

Art. 54. Causar poluição de qualquer natureza em níveis tais que resultem ou possam resultar em danos à saúde humana, ou que provoquem a mortandade de animais ou a destruição significativa da flora:

Pena - reclusão, de um a quatro anos, e multa.

§ 1º Se o crime é culposo:

Pena - detenção, de seis meses a um ano, e multa.

§ 2º Se o crime:

I - tornar uma área, urbana ou rural, imprópria para a ocupação humana;

II - causar poluição atmosférica que provoque a retirada, ainda que momentânea, dos habitantes das áreas afetadas, ou que cause danos diretos à saúde da população;

III - causar poluição hídrica que torne necessária a interrupção do abastecimento público de água de uma comunidade;

IV - dificultar ou impedir o uso público das praias;

V - ocorrer por lançamento de resíduos sólidos, líquidos ou gasosos, ou detritos, óleos ou substâncias oleosas, em desacordo com as exigências estabelecidas em leis ou regulamentos:

Pena - reclusão, de um a cinco anos.

> § 3º Incorre nas mesmas penas previstas no parágrafo anterior quem deixar de adotar, quando assim o exigir a autoridade competente, medidas de precaução em caso de risco de dano ambiental grave ou irreversível. (BRASIL, 1998)

4.4. Destinação e Disposição de RCC:

Podemos entender a valorização e o tratamento dos RCCs como a etapa de destinação desta tipologia dos resíduos. Desta forma, passamos a apresentar algumas informações adicionais sobre as principais estratégias de destinação de RCC:

1) Área de Transbordo e Triagem (ATT): área destinada ao recebimento de RCC e resíduos volumosos, para triagem, armazenamento temporário dos materiais segregados, eventual transformação e posterior remoção para destinação adequada, sem causar danos à saúde pública e ao meio ambiente. De acordo com a NBR 15.112, as ATTs devem possuir portão e cercamento no perímetro da área de operação, construídos de forma a impedir o acesso de pessoas estranhas e animais e anteparo para proteção quanto aos aspectos relativos à vizinhança, ventos dominantes e estética. As ATTs também devem dispor de equipamentos de proteção individual, de proteção contra descargas atmosféricas e de combate a incêndio, bem como iluminação e energia, de modo a permitir ações de emergência. As ATTs precisam possuir sistema de proteção ambiental composto por: 1) sistema de controle de poeira, ativo tanto nas descargas como no manejo e nas zonas de acumulação de resíduos; 2) dispositivos de contenção

de ruído em veículos e equipamentos; 3) sistema de drenagem superficial com dispositivos para evitar o carreamento de materiais; 4) revestimento primário do piso das áreas de acesso, operação e estocagem, executado e mantido de maneira a permitir a utilização sob quaisquer condições climáticas. Ainda de acordo com a NBR 15.112, as ATTs devem atender às seguintes diretrizes operacionais:

a) só devem ser recebidos resíduos de construção civil e resíduos volumosos;

b) não devem ser recebidas cargas de resíduos da construção civil constituídas predominantemente de resíduos classe D;

c) só devem ser aceitas descargas e expedição de veículos com a cobertura dos resíduos transportados;

d) os resíduos aceitos devem estar acompanhados do CTR – controle de transporte de resíduos;

e) os resíduos aceitos devem ser integralmente triados;

f) deve ser evitado o acúmulo de material não triado;

g) os resíduos devem ser classificados pela natureza e acondicionados em locais diferenciados;

h) os rejeitos resultantes da triagem devem ser destinados adequadamente;

i) a transformação dos resíduos triados deve ser objeto de licenciamento específico;

j) a remoção de resíduos da ATT deve estar acompanhada do CTR – controle de transporte de resíduos

k) os resíduos da construção civil: Classe A: devem ser destinados à reutilização ou reciclagem na forma de agregados ou encaminhados a aterros de resíduos da construção civil e de resíduos inertes, projetados, implantados e operados em conformidade com a ABNT NBR 15.113; Classe B: devem ser destinados à reutilização, reciclagem e armazenamento ou encaminhados para áreas de disposição final de resíduos; Classe C: devem ser armazenados, transportados e destinados em conformidade com as Normas Brasileiras específicas; Classe D: devem ser armazenados em áreas cobertas, transportados, reutilizados e destinados em conformidade com as Normas Brasileiras específicas;

l) os resíduos volumosos devem ser destinados a reutilização, reciclagem e armazenamento ou encaminhados para disposição final de resíduos;

m) os resíduos de classificação questionada devem aguardar avaliação em área dotada de dispositivos de proteção ambiental.

2) Postos de Entrega Voluntária (PEV): podemos compreender os PEVs para os RCCs como ATTs de pequeno porte para a entrega voluntária de reduzidas quantidades de RCC e resíduos volumosos. Os PEVs são integrantes do sistema público de limpeza urbana e objetivam reduzir o descarte irregular nas vias públicas.

3) Usinas de Reciclagem (URRCC): as URRCC são unidades de beneficiamento (trituração) e reciclagem de materiais já triados para a produção de agregados para a aplicação em obras de infraestrutura e edificações. De acordo com a NBR 15.114, o local de implantação das URRCC deve ser tal que: 1) o impacto ambiental a ser causado pela instalação da área de reciclagem seja minimizado; 2) a aceitação da instalação pela população seja maximizada; 3) esteja de acordo com a legislação de uso do solo e com a legislação ambiental. A URRCC deve: 1) possuir cercamento no perímetro da área em operação, construído de forma a impedir o acesso de pessoas estranhas e animais; 2) portão junto ao qual seja estabelecida uma forma de controle de acesso ao local; 3) sinalização na(s) entrada(s) e na(s) cerca(s) que identifique(m) o empreendimento; 4) anteparo para proteção quanto aos aspectos relativos à vizinhança, ventos dominantes e estética; 5) os acessos internos e externos devem ser protegidos, executados e mantidos de maneira a permitir sua utilização sob quaisquer condições climáticas e 6) o local da área de reciclagem deve dispor de iluminação e energia que permitam uma ação de emergência a qualquer tempo. Ainda de acordo com a NBR 15.114, as URRCC devem atender às seguintes diretrizes operacionais:

a) Recebimento: Somente podem ser aceitos na área de reciclagem os resíduos da construção civil classe A. Nenhum resíduo pode ser aceito sem que sejam conhecidas sua procedência e composição.

b) Triagem: Os resíduos recebidos devem ser previamente triados, na fonte geradora, em ATTs, aterros de inertes ou na própria área de reciclagem, de modo que somente sejam processados resíduos da classe A (incluindo solo). Os resíduos de construção civil das classes B, C ou D devem ser encaminhados a destinação adequada.

c) Controle de Poluição: Os equipamentos e a instalação devem ser dotados de sistemas de controle de vibrações, ruídos e poluentes atmosféricos.

d) Plano de Inspeção e Manutenção: A instalação deve possuir um plano de inspeção e manutenção, de modo a identificar e corrigir problemas que possam provocar eventos prejudiciais ao meio ambiente ou à saúde humana, a fim de controlar: 1) A integridade do sistema de drenagem das águas superficiais, especialmente após períodos de alta precipitação pluviométrica; 2) A emissão de poluentes atmosféricos, ruído e vibração

e) Plano de Operação: Deve ser previsto o controle de recebimento e operação, por meio de um plano que contemple: 1) Controle de entrada dos resíduos recebidos; 2) Discriminação dos procedimentos de triagem, reciclagem, armazenamento e outras operações realizadas na área; 3) Descrição e destinação dos resíduos a serem rejeitados; 4) Descrição e destinação dos resíduos a serem reutilizados; 5) Descrição e destinação dos resíduos a serem reciclados; 6) Controle da qualidade dos produtos gerados. (ABNT, 2004)

Vale lembrar que a disposição dos RCC não é final e deve ser vista como uma estratégia de armazenamento temporário dos RCCs. Somente utilizamos os aterros de inertes para este fim.

1) Aterros de Inertes: área onde são empregadas técnicas de disposição de RCC classe A e resíduos inertes no solo, visando a reservação de materiais segregados, de forma a possibilitar o uso futuro dos materiais e/ou futura utilização da área, conforme princípios de engenharia para confiná-los ao menor volume possível, sem causar danos à saúde pública e ao meio ambiente. Os resíduos recebidos devem ser previamente triados, na fonte geradora, em ATTs ou em área de triagem estabelecida no próprio aterro, de modo que nele sejam dispostos apenas RCC Classe A ou resíduos inertes. Assim como nas ATTs e nas URRCC, devem ser mantidos equipamentos para proteção individual dos funcionários e para proteção contra descargas atmosféricas e combate a incêndio nas edificações e equi-

pamentos existentes. Os resíduos de construção civil das classes B, C ou D devem ser encaminhados a destinação adequada. De acordo com a NBR 15.113, o local de implantação dos aterros de inertes deve ser tal que: 1) o impacto ambiental a ser causado pela instalação da área de reciclagem seja minimizado; 2) a aceitação da instalação pela população seja maximizada; 3) esteja de acordo com a legislação de uso do solo e com a legislação ambiental. O aterro de inertes de possuir, minimamente:

- Acessos internos e externos protegidos, executados e mantidos de maneira a permitir sua utilização sob quaisquer condições climáticas.
- Cercamento no perímetro da área em operação, construído de forma a impedir o acesso de pessoas estranhas e animais. Portão junto ao qual seja estabelecida uma forma de controle de acesso ao local.
- sinalização na(s) entrada(s) e na(s) cerca(s) que identifique(m) o empreendimento.
- anteparo para proteção quanto aos aspectos relativos à vizinhança, ventos dominantes e estética.
- Faixa de proteção interna ao perímetro, com largura justificada em projeto.

Temos alguns critérios operacionais mínimos para os aterros de inertes, sendo eles: 1) os resíduos devem ser dispostos em camadas sobrepostas e não será permitido o despejo pela linha de topo; 2) em áreas de reservação, em conformidade com o plano de reservação, a disposição dos resíduos deve ser feita de forma segregada; 3) devem ser segregados os solos, os resíduos de concreto e alvenaria, os resíduos de pavimentos viários asfálticos e os resíduos inertes. Os registros operacionais devem ser mantidos na instalação até o fim da vida útil do empreendimento e no seu pós-fechamento, devendo conter, no mínimo as seguintes informações:

- Descrição e quantidade de cada resíduo recebido e a data de disposição (incluídos os CTR).
- No caso de reservação de resíduos, indicação do setor onde o resíduo foi disposto.
- Descrição, quantidade e destinação dos resíduos rejeitados.
- Descrição, quantidade e destinação dos resíduos reaproveitados.

- Registro das análises efetuadas nos resíduos.
- Registro das inspeções realizadas e dos incidentes ocorridos e respectivas datas.
- Dados referentes ao monitoramento das águas superficiais e subterrâneas.

CAPÍTULO 5:

Perspectivas Técnicas do Gerenciamento de RSS

Neste capítulo veremos os aspectos normativos, as etapas do gerenciamento, o processo de valorização, tratamento, destinação e disposição final dos Resíduos de Serviço de Saúde (RSS). Você já se deu conta de quantas atividades geram os resíduos de serviços de saúde nos dias de hoje? Farmácias, laboratórios de análises clínicas, hospitais, clínicas veterinárias, dentistas e até mesmo estúdios de tatuagem são alguns dos exemplos de atividades consideradas, pelos órgãos reguladores e pela própria PNRS, como sendo vinculadas a serviços de saúde e que, por este motivo, são responsáveis pela geração, gerenciamento e gestão de RSS.

A preocupação com as boas práticas de gestão dos RSS reside, especialmente, nos riscos biológicos, químicos, perfurocortantes e até mesmo radiotivos de seus componentes. Vale ressaltar que, apesar da diversidade significativa de unidades geradoras, em geral, os RSS possuem reduzidos volume e densidade, entretanto o seu tratamento costuma ser um pouco mais complexo e mais oneroso quando comparado ao RSU e ao RCC, como veremos a seguir.

5.1. Caracterização e Geração de Resíduos de Serviço de Saúde (RSS):

Como vimos em capítulos anteriores, caracterizar um resíduo é, em essência, determinar seus principais aspectos físicos, químicos, biológicos, qualitativos e quantitativos. De acordo com o artigo 13 da PNRS, os RSS são considerados como uma das tipologias de resíduos a ser considerada em âmbito nacional. De acordo com a ABNT NBR 10.004 os RSS podem ser classificados como Classe I, perigosos, e como Classe II A, não perigosos, não inertes.

Mas quem são os principais responsáveis pela geração dos RSS? De acordo com o artigo segundo da Resolução da Diretoria Colegiada (RDC), nº 222/18 da ANVISA, as seguintes atividades são consideradas como geradores de RSS.

Art. 2º Esta Resolução se aplica aos geradores de resíduos de serviços de saúde (RSS) cujas atividades envolvam qualquer etapa do gerenciamento dos RSS, sejam eles públicos e privados, filantrópicos, civis ou militares, incluindo aqueles que exercem ações de ensino e pesquisa.

> § 1º Para efeito desta resolução, definem-se como geradores de RSS todos os serviços cujas atividades estejam relacionadas com a atenção à saúde humana ou animal, inclusive os serviços de assistência domiciliar; laboratórios analíticos de produtos para saúde; necrotérios, funerárias e serviços onde se realizem atividades de embalsamamento (tanatopraxia e somatoconservação); serviços de medicina legal; drogarias e farmácias, inclusive as de manipulação; estabelecimentos de ensino e pesquisa na área de saúde; centros de controle de zoonoses; distribuidores de produtos farmacêuticos, importadores, distribuidores de materiais e controles para diagnóstico in vitro; unidades móveis de atendimento à saúde; serviços de acupuntura; serviços de piercing e tatuagem, salões de beleza e estética, dentre outros afins. (ANVISA, 2018)

Mas de quem é a responsabilidade pela gestão dos RSS? É e sempre será do gerador do resíduo. Assim como na gestão dos RCCs, diferentemente dos RSUs, a gestão dos RSS não é competência das Prefeituras (salvo os casos em que a Prefeitura é a geradora), entretanto, quando o resíduo é disposto irregularmente nos logradouros e áreas públicas, a Prefeitura passa a ser responsável pelo seu gerenciamento, por isso, é de suma importância disciplinar as etapas de gerenciamento desta tipologia de resíduos nos municípios.

Neste ponto, vale a pena refletirmos um pouco sobre a quantidade gerada de RSS em nosso País. Fato é que a quantificação de RSS também não é tarefa fácil em função da diversidade de geradores e do recorrente descarte incorreto e ilegal desta tipologia de resíduo. De acordo com a Panorama da ABRELPE (2019/2020), em 2019, o volume coletado (e declarado) de RSS no Brasil foi de 253 mil toneladas. A capacidade instalada em unidades para tratamento de RSS por diferentes tecnologias cresceu na última década, passando de 577 toneladas diárias para 1.314. Quanto à destinação propriamente dita, apesar dos avanços, cerca de 36% dos municípios brasileiros ainda destinaram os RSS coletados sem nenhum tratamento prévio, o que contraria as normas vigentes e apresenta riscos diretos aos trabalhadores, à saúde pública e ao meio ambiente.

A quantidade apresentada no referido documento, nos leva a uma geração per capita estimada de 1,213 Kg/hab./ano de RSS em nosso País. Vale frisar que esta taxa de geração varia de forma significativa conforme avaliamos as diferentes condições de cada Região Brasileira, conforme quadro abaixo:

Quadro 06: Geração de RSS nas difernetes Regiões Brasileiras

Região	Total (Toneladas/ano)	Per Capita (Kg/hab./ano)
Norte	9.852	0,53
Nordeste	36.554	0,64
Centro-Oeste	18.451	1,15
Sudeste	175.775	2,00
Sul	12.585	0,42

Fonte: Adaptado de ABRELPE, 2020.

A partir das estimativas de geração diária, podemos começar a planejar estratégias para a gestão municipal dos RSS, entretanto, devemos considerar algumas dificuldades adicionais inerentes à tipologia, como os riscos biológicos, químicos, perfurocortantes e radioativos. Entretanto, assim como para as demais tipologias de resíduos, as estimativas apresentadas são meras informações aproximadas, sendo fundamental a realização de um diagnóstico, com levantamento de dados primários nas unidades geradoras, transportadores, unidades de tratamento, de destinação final e de disposição final para um planejamento assertivo das ações de gerenciamento.

5.2. Aspectos Legais e Normativos da Gestão de RSS

Como anteriormente mencionado, em nosso País temos uma quantidade significativa de leis, resoluções e normas que, direta ou indiretamente, versam sobre a gestão e o gerenciamento dos RSS. O quadro abaixo apresenta as principais leis e resoluções na esfera nacional:

Quadro 07: Principais referências legais e resoluções federais

Documento	Descrição
Decreto 7.404/10	Regulamenta a Lei 12.305/10 que instituiu a PNRS
Lei Federal 12.305/10	Institui a PNRS
Lei Federal 11.445/07	Estabelece diretrizes para o Saneamento Ambiental
Lei Federal 10.257/01	Estabelece o Estatuto das Cidades
Lei Federal 9.605/98	Lei de Crimes Ambientais
Lei Federal 6.938/81	Institui a PNMA
Resolução CONAMA 307/02	Estabelece diretrizes, critérios e procedimentos para a gestão dos RCC
Resolução CONAMA 05/88	Específica licenciamento de obras de unidade de transferências, trat mento e disposição final de resíduos sólidos de origens domésticas, públicas, industriais e de origem hospitalar.
Resolução CONAMA 358/05	Dispõe sobre o tratamento e a disposição final dos resíduos dos serviços de saúde e da outras providências.
Resolução CNEN 6.05/98	Gerência dos rejeitos radioativos
Resolução RDC 222/18	Regulamenta as Boas Práticas de Gerenciamento dos Resíduos de Serviços de Saúde e dá outras providências.

O quadro abaixo apresenta as normas da Associação Brasileira de Normas Técnicas (ABNT) relativas ao gerenciamento dos RSS.

Quadro 08: Principais referências normativas

Documento	Descrição
NBR 10.004/04	Resíduos Sólidos - Classificação
NBR 12.235/92	Armazenamento de resíduos sólidos perigosos definidos na NBR 10.004 - procedimentos.
NBR 7.500/87	Símbolos de risco e manuseio para o transporte e armazenamento de resíduos sólidos.
NBR 12.807/93	Resíduos de serviços de saúde - terminologia.
NBR 12.808/93	Resíduos de serviços de saúde - classificação.
NBR 12.809/93	Manuseio de resíduos de serviços de saúde - procedimentos.
NBR 11.175/90	Fixa as condições exigíveis de desempenho do equipamento para incineração de resíduos sólidos perigosos.
NBR 13.853/97	Coletores para resíduos de serviços de saúde perfurantes ou cortantes - requisitos e métodos de ensaio.

Como visto, temos um longo repertório de leis, resoluções e normas que disciplinam o gerenciamento dos RSS no Brasil. Neste subitem, passaremos a apresentar com mais detalhes a Resolução RDC 222/18 da ANVISA, em função desta ser a referência mais atual e mais completa sobre o tema em nosso País. Nos itens subsequentes veremos uma mescla das principais informações correlatas às diversas referências citadas.

A Resolução RDC 222/18 é uma atualização da antiga RDC 306/04, que foi revogada em função da revisão de 2018. Em seu artigo terceiro, são trazidas diversas definições importantes para o bom gerenciamento dos RSS. Transcrevemos abaixo definições consideradas estratégicas para os profissionais da área:

I. abrigo externo: ambiente no qual ocorre o armazenamento externo dos coletores de resíduos;

II. abrigo temporário: ambiente no qual ocorre o armazenamento temporário dos coletores de resíduos;

IV. agentes biológicos: microrganismos capazes ou não de originar algum tipo de infecção, alergia ou toxicidade no corpo humano, tais como: bactérias, fungos, vírus, clamídias, riquétsias, micoplasmas, parasitas e outros agentes, linhagens celulares, príons e toxinas;

IX. carcaça de animal: produto de retalhação de animal;

X. cadáver de animal: corpo animal após a morte;

XI. classe de risco 1 (baixo risco individual e para a comunidade): agentes biológicos conhecidos por não causarem doenças no homem ou nos animais adultos sadios;

XII. classe de risco 2 (moderado risco individual e limitado risco para a comunidade): inclui os agentes biológicos que provocam infecções no homem ou nos animais, cujo potencial de propagação na comunidade e de disseminação no meio ambiente é limitado, e para os quais existem medidas terapêuticas e profiláticas eficazes;

XIII. classe de risco 3 (alto risco individual e moderado risco para a comunidade): inclui os agentes biológicos que possuem capacidade de transmissão por via respiratória e que causam patologias humanas ou animais, potencialmente letais, para as quais existem usualmente medidas de tratamento ou de prevenção. Representam risco se disseminados na comunidade e no meio ambiente, podendo se propagar de pessoa a pessoa;

XIV. classe de risco 4 (elevado risco individual e elevado risco para a comunidade): classificação do Ministério da Saúde que inclui agentes biológicos que representam grande ameaça para o ser humano e para os animais, implicando grande risco a quem os manipula, com grande poder de transmissibilidade de um indivíduo a outro, não existindo medidas preventivas e de tratamento para esses agentes;

XV. coleta e transporte externos: remoção dos resíduos de serviços de saúde do abrigo externo até a unidade de tratamento ou outra destinação, ou disposição final ambientalmente adequada, utilizando-se de técnicas que garantam a preservação das condições de acondicionamento;

XIX. decaimento radioativo: desintegração natural de um núcleo atômico por meio da emissão de energia em forma de radiação;

XXIV. ficha de informações de segurança de produtos químicos (FISPQ): ficha que contém informações essenciais detalhadas dos produtos químicos, especialmente sua identificação, seu fornecedor, sua classificação, sua periculosidade, as medidas de precaução e os procedimentos em caso de emergência;

XXVII. gerenciamento dos resíduos de serviços de saúde: conjunto de procedimentos de gestão, planejados e implementados a partir de bases científicas, técnicas, normativas e legais, com o objetivo de minimizar a geração de resíduos e proporcionar um encaminhamento seguro, de forma eficiente, visando à proteção dos trabalhadores e a preservação da saúde pública, dos recursos naturais e do meio ambiente;

XXXIX. patogenicidade: é a capacidade que tem o agente infeccioso de, uma vez instalado no organismo do homem e dos animais, produzir sintomas em maior ou menor proporção dentre os hospedeiros infectados;

XL. periculosidade: qualidade ou estado de ser perigoso;

XLI. plano de gerenciamento dos resíduos de serviços de saúde (PGRSS): documento que aponta e descreve todas as ações relativas ao gerenciamento dos resíduos de serviços de saúde, observadas suas características e riscos, contemplando os aspectos referentes à geração, identificação, segregação, acondicionamento, coleta, armazenamento, transporte, destinação e disposição final ambientalmente adequada, bem como as ações de proteção à saúde pública, do trabalhador e do meio ambiente;

XLVIII. redução de carga microbiana: aplicação de processo que visa à inativação microbiana das cargas biológicas contidas nos resíduos;

LXII. transporte interno: traslado dos resíduos dos pontos de geração até o abrigo temporário ou o abrigo externo;

LXIII. tratamento: Etapa da destinação que consiste na aplicação de processo que modifique as características físicas, químicas ou biológicas dos resíduos, reduzindo ou eliminando o risco de dano ao meio ambiente ou à saúde pública. (MINISTERIO DA SAUDE, 2018)

De acordo com o Anexo I da resolução, os RSS podem ser classificados de acordo com as suas características. Desta forma, a norma subdivide os RCCs em Grupo A, Grupo B, Grupo C, Grupo D e Grupo E, conforme apresentado na figura abaixo:

Figura 09: Classificação dos RSS segundo à Resolução RDC 222/18

CLASSE A	CLASSE B	CLASSE C	CLASSE D	CLASSE E
Resíduos com a possível presença de agentes biológicos que, por suas características de maior virulência ou concentração, podem apresentar risco de infecção. Subdividido nos grupos A1, A2, A3, A4 e A5.	Resíduos contendo produtos químicos que apresentam periculosidade à saúde pública ou ao meio ambiente, dependendo de suas características de inflamabilidade, corrosividade, reatividade, toxicidade, carcinogenicidade, teratogenicidade, mutagenicidade e quantidade.	Qualquer material que contenha radionuclídeo em quantidade superior aos níveis de dispensa especificados em norma da CNEN e para os quais a reutilização é imprópria ou não prevista.	Resíduos que não apresentem risco biológico, químico ou radiológico à saúde ou ao meio ambiente, podendo ser equiparados aos resíduos domiciliares.	Materiais perfurocortantes ou escarificantes e todos os utensílios de vidro quebrados no laboratório (pipetas, tubos de coleta sanguínea e placas de Petri) e outros similares.

Assim como nos RCCs, percebemos uma significativa diferença entre as classes. Esta é uma questão proposital para facilitar o fluxo de gerenciamento de forma diferenciada para cada uma das classes estabelecidas. Ainda quanto à classificação, vale destacar os cinco subgrupos do Grupo A:

Subgrupo A1

- Culturas e estoques de micro-organismos; resíduos de fabricação de produtos biológicos, exceto os medicamentos hemoderivados; descarte de vacinas de microrganismos vivos, atenuados ou inativados; meios de cultura e instrumentais utilizados para transferência, inoculação ou mistura de culturas; resíduos de laboratórios de manipulação genética.

- Resíduos resultantes da atividade de ensino e pesquisa ou atenção à saúde de indivíduos ou animais, com suspeita ou certeza de contaminação biológica por agentes classe de risco 4, microrganismos com relevância epidemiológica e risco de disseminação ou causador de doença emergente que se torne epidemiologicamente importante ou cujo mecanismo de transmissão seja desconhecido.

- Bolsas transfusionais contendo sangue ou hemocomponentes rejeitadas por contaminação ou por má conservação, ou com prazo de validade vencido, e aquelas oriundas de coleta incompleta.

- Sobras de amostras de laboratório contendo sangue ou líquidos corpóreos, recipientes e materiais resultantes do processo de assistência à saúde, contendo sangue ou líquidos corpóreos na forma livre.

Subgrupo A2

- Carcaças, peças anatômicas, vísceras e outros resíduos provenientes de animais submetidos a processos de experimentação com inoculação de microrganismos, bem como suas forrações, e os cadáveres de animais suspeitos de serem portadores de microrganismos de relevância epidemiológica e com risco de disseminação, que foram submetidos ou não a estudo anatomopatológico ou confirmação diagnóstica.

Subgrupo A3

- Peças anatômicas (membros) do ser humano; produto de fecundação sem sinais vitais, com peso menor que 500 gramas ou estatura menor que 25 centímetros ou idade gestacional menor que 20 semanas, que não tenham valor científico ou legal e não tenha havido requisição pelo paciente ou seus familiares.

Subgrupo A4

- Kits de linhas arteriais, endovenosas e dialisadores, quando descartados.

- Filtros de ar e gases aspirados de área contaminada; membrana filtrante de equipamento médico-hospitalar e de pesquisa, entre outros similares.

- Sobras de amostras de laboratório e seus recipientes contendo fezes, urina e secreções, provenientes de pacientes que não contenham e nem sejam suspeitos de conter agentes classe de risco 4, e nem apresentem relevância epidemiológica e risco de disseminação, ou microrganismo causador de doença emergente que se torne epidemiologicamente importante ou cujo mecanismo de transmissão seja desconhecido ou com suspeita de contaminação com príons.

- Resíduos de tecido adiposo proveniente de lipoaspiração, lipoescultura ou outro procedimento de cirurgia plástica que gere este tipo de resíduo.

- Recipientes e materiais resultantes do processo de assistência à saúde, que não contenha sangue ou líquidos corpóreos na forma livre.

- Peças anatômicas (órgãos e tecidos), incluindo a placenta, e outros resíduos provenientes de procedimentos cirúrgicos ou de estudos anatomopatológicos ou de confirmação diagnóstica.

- Cadáveres, carcaças, peças anatômicas, vísceras e outros resíduos provenientes de animais não submetidos a processos de experimentação com inoculação de microrganismos.

- Bolsas transfusionais vazias ou com volume residual pós-transfusão.

Subgrupo A5

- Órgãos, tecidos e fluidos orgânicos de alta infectividade para príons, de casos suspeitos ou confirmados, bem como quaisquer materiais resultantes da atenção à saúde de indivíduos ou animais, suspeitos ou confirmados, e que tiveram contato com órgãos, tecidos e fluidos de alta infectividade para príons.

- Tecidos de alta infectividade para príons são aqueles assim definidos em documentos oficiais pelos órgãos sanitários competentes. (MINISTERIO DA SAÚDE, 2018)

Ou seja, podemos perceber a diversidade e a complexidade de componentes para estabelecermos um padrão de gerenciamento nesta tipologia de resíduos. Cada grupo e subgrupo possuem as suas especificidades de armazenamento, tratamento e disposição final, tornando complexa e meticulosa a gestão integrada deles.

Vale um destaque especial para o artigo quinto da Resolução em questão: "[...] todo serviço gerador deve dispor de um Plano de Gerenciamento de RSS (PGRSS), observando as regulamentações federais, estaduais, municipais ou do Distrito Federal". Ou seja, todas as unidades geradoras descritas no artigo segundo, obrigatoriamente, devem contratar profissionais habilitados para elaborar e acompanhar os PGRSS, sendo esta uma excelente oportunidade de rendimentos para os profissionais da área.

5.3. Etapas do Gerenciamento do RSS

Até então vimos um pouco sobre as premissas, instrumentos, objetivos e diretrizes da PNRS, bem como vimos informações específicas sobre o gerenciamento dos RSS de acordo com a Resolução RDC 222/18.

Para os RSS há um conjunto de ações que elevam as restrições de manejo em função dos riscos associados, conforme anteriormente descrito. Desta forma, seguiremos a lógica proposta pela Resolução RDC 222/18 para apresentação das etapas de gerenciamento. Sendo elas:

1) **Segregação, acondicionamento e identificação:** ação sanitária com o objetivo de restringir a exposição dos usuários aos riscos. Define-se segregação como a separação dos resíduos, conforme a classificação dos Grupos no momento e local de sua geração, de acordo com as características físicas, químicas, biológicas, o seu estado físico e os riscos envolvidos. O acondicionamento é o ato de embalar os resíduos segregados em sacos ou recipientes que evitem vazamentos, e quando couber, sejam resistentes às ações de punctura, ruptura e tombamento, e que sejam adequados física e quimicamente ao conteúdo acondicionado. A identificação é o conjunto de medidas que permite o reconhecimento dos riscos presentes nos resíduos acondicionados, de forma clara e legível em tamanho proporcional aos sacos, coletores e seus ambientes de armazenamento. Estas ações de gerenciamento estão descritas entre os artigos 11 e 24 da RDC.

2) **Coleta e transporte Interno:** ação sanitária que visa o afastamento dos resíduos dos usuários do local de geração. Os procedimentos, rotinas e equipamentos são definidos por normas técnicas específicas. Estas ações de gerenciamento estão descritas entre os artigos 25 e 26 da RDC.

3) **Armazenamento interno, temporário e externo:** ação sanitária com o objetivo de restringir a exposição dos usuários aos riscos. O armazenamento externo — guarda dos coletores de resíduos em ambiente exclusivo, com acesso facilitado para a coleta externa. O armazena-

mento interno — guarda do resíduo contendo produto químico ou rejeito radioativo na área de trabalho, em condições definidas pela legislação e normas aplicáveis a essa atividade. O armazenamento temporário — guarda temporária dos coletores de resíduos de serviços de saúde, em ambiente próximo aos pontos de geração, visando agilizar a coleta no interior das instalações e otimizar o deslocamento entre os pontos geradores e o ponto destinado à apresentação para coleta externa. Estas ações de gerenciamento estão descritas entre os artigos 27 e 37 da RDC.

4) **Coleta e transporte externos:** ação sanitária que visa o afastamento dos resíduos do gerador. Os procedimentos, rotinas e equipamentos são definidos por normas técnicas específicas. Estas ações de gerenciamento estão descritas entre os artigos 38 e 39 da RDC.

5) **Destinação Final:** ação sanitária que inclui a reutilização, a reciclagem, a compostagem, a recuperação e o aproveitamento energético ou outras destinações admitidas pelos órgãos competentes do Sistema Nacional do Meio Ambiente (Sisnama), do Sistema Nacional de Vigilância Sanitária (SNVS) e do Sistema Unificado de Atenção à Sanidade Agropecuária (Suasa), entre elas a disposição final ambientalmente adequada, observando normas operacionais específicas de modo a evitar danos ou riscos à saúde pública e à segurança e a minimizar os impactos ambientais adversos; Estas ações de gerenciamento estão descritas entre os artigos 40 e 45 da RDC.

6) **Disposição Final:** distribuição ordenada de rejeitos do processo de destinação final em aterros sanitários de pequeno porte ou aterros sanitários convencionais, desde que observadas normas operacionais específicas, a fim de evitar riscos à saúde pública e à segurança e a minimizar os impactos ambientais adversos.

5.4. Destinação e Disposição de RSS:

Podemos entender a valorização e o tratamento dos RSS como a etapa de destinação desta tipologia dos resíduos. Desta forma, passamos a apresentar algumas informações adicionais sobre as principais estratégias de destinação de RSS:

1) **Incineração:** conforme vimos anteriormente e de acordo com Vilhena (2018), a incineração refere-se à queima controlada a temperaturas entre 800 e 1000°C. Do ponto de vista sanitário, esta tecnologia é interessante pois assegura a eliminação dos micro-organismos patogênicos e deman-

da um espaço físico pequeno para as instalações. Entretanto, devem ser analisados alguns aspectos econômicos e ambientais, tais como: investimentos, flexibilidade de adaptação de quantidades a tratar, presença de resíduos perigosos (halogênios, metais pesados etc.) e lançamento de compostos perigosos na atmosfera (dioxinas, furanos etc.). Alguns hospitais têm os seus próprios incineradores instalados e fazem a queima dos resíduos classificados como perigosos. Grandes quantidades de RSS perigosos são incineradas por empresas do segmento. Há uma tendência mundial de adoção dos padrões de emissão de poluentes da Environmental Protection Agency (EPA) americana, inclusive por companhias de controle ambiental brasileiras, e esta evolução pode resultar na não-renovação do licenciamento ou até de interdição de pequenos incineradores em futuro próximo em prejuízo de seus proprietários operadores.

2) **Autoclavagem:** segundo Vilhena (2018), refere-se a uma tecnologia já difundida em países do primeiro mundo e no Brasil, mas que ainda apresenta custos de instalação e de operação elevados. Consiste na aplicação de vapor saturado sob pressão superior à atmosférica, com a finalidade de se obter esterilização. Pode ser efetuada em autoclave convencional, de exaustão do ar por gravidade, ou em autoclave de alto vácuo, sendo comumente utilizada para esterilização de materiais, tais como: vidrarias, instrumentos cirúrgicos, meios de cultura, roupas, alimentos etc. Vastas quantidades de resíduos de serviço de saúde perigosos são tratadas em autoclaves de limpeza a vapor por empresas do segmento. A autoclavagem é sugerida para diversos RSS nas legislações do CONAMA e ANVISA, em especial para tratar materiais suspeitos de conter agentes como bactérias, fungos, parasitas e vírus. O tratamento é térmico e consiste em manter o material contaminado sob pressão e à temperatura elevada, através do contato com vapor d'água, durante um período de cerca de 40 minutos para destruir todos os agentes patogênicos. Depois, o RSS é triturado e pode ser disposto em aterro sanitário, já que não sofreu inativação microbiológica e não representa maiores riscos.

3) **Micro-ondas:** Segundo Vilhena (2018), o tratamento por micro-ondas corresponde a uma tecnologia de desinfecção em que os resíduos são colocados num contêiner de carga e descarregados por meio de um guincho automático numa tremonha localizada no topo do equipamento de desinfecção. Durante a descarga dos resíduos, o ar interior da tremonha é tratado com vapor a alta temperatura que, em seguida,

é aspirado e filtrado num hepafiltro com o objetivo de eliminar potenciais germes patogênicos. A tremonha dá acesso a um triturador, onde ampolas, seringas, agulhas hipodérmicas, tubos plásticos e demais materiais são transformados em pequenas partículas irreconhecíveis. O material triturado é automaticamente encaminhado a uma câmara de tratamento onde é umedecido com vapor a alta temperatura e movimentado por uma rosca sem fim enquanto é submetido a diversas fontes emissoras de micro-ondas. Com a trituração, sua massa se mantém, mas o volume diminui em cerca de 80%. As micro-ondas desinfetam o material por aquecimento em temperaturas entre 95 e 100°C por cerca de 30 minutos. Após o tratamento, os resíduos podem ser dispostos em aterros sanitários.

Vale lembrar que a disposição final dos RSS, à exceção de resíduos dos rejeitos do Grupo D, não deve ser realizada sem prévia valorização/tratamento. Desta forma, após tratamento, em geral, os resíduos podem ser dispostos nos aterros sanitários convencionais. Entretanto, também existe uma solução de disposição a ser aplicada em municípios sem estrutura de tratamento dos resíduos, a vala séptica.

As valas sépticas são pouco utilizadas, sendo consideradas como uma alternativa à ausência de tratamento prévio e de aterro sanitário na região. Via de regra, a autorização desta tecnologia construtiva depende da apresentação de fundamentos sólidos ao órgão ambiental competente, que justifiquem essa opção de disposição. A técnica consiste basicamente no aterramento de resíduos de serviços de saúde não tratados em valas escavadas no solo, construídas em local isolado e de acesso limitado, em solo de baixa permeabilidade, com lençol freático situado, aproximadamente, a 5m abaixo da superfície. As restrições técnicas são inúmeras e somente deve ser utilizada em casos excepcionais.

CAPÍTULO 6:
Perspectivas Técnicas do Gerenciamento de RI

Neste capítulo iremos aprofundar nosso conhecimento acerca do Gerenciamento de Resíduos Industriais (RI), em especial nos aspectos normativos, etapas do gerenciamento, valorização, tratamento e destinação final. Todo e qualquer produto industrializado que temos a nossa volta gera algum tipo de resíduo industrial. Esta é uma alegação que deve nos fazer refletir um pouco sobre os impactos ambientais derivados da expressiva industrialização dos ultimos dois séculos.

Claramente a industrialização nos trouxe inúmeras comodidades e facilidades nos tempos atuais. Entretanto, temos que ter a consciência de que tais benefícios são alicerçados em significativa degradação ambiental e significativa geração de resíduos industriais, perigosos ou não.

Temos diversos tipos de atividades industriais, tais como a metalúrgica, a mecânica, a de madeira, a de papel e celulose, a de borracha, a de couros e peles, a química, a de plásticos, a de alimentos, a têxtil, dentre outras, e todas, geram algum tipo de resíduo industrial. Assim como para as demais tipologias de resíduos, as indústrias geradoras dos RIs são responsáveis pela seu gerenciamento e gestão.

Precisamos ter uma especial atenção quanto ao gerenciamento e a gestão dos RIs pois estes tendem a ser gerados em volumes significativos nas unidades industriais e, muitas vezes, apresentarem características de periculosidade. Vale a pena destacar um ponto, a indústria explora recursos naturais para transformá-los, ao longo do processo produtivo, em novos produtos a serem comercializados. Durante o processo produtivo, o não aproveitamento integral dos recursos acaba por gerar os resíduos industriais.

Desta forma a indústria tem dois problemas a gerenciar, o primeiro é que o processo produtivo não aproveitou 100% dos recursos obtidos, ocasionando desperdício de tempo e recursos na exploração e produção. O segundo é que, a partir da geração dos resíduos, a indústria passa a ter que investir na promoção de soluções ambientalmente adequadas para o mesmo, representando novos custos a serem incorporados ao negócio.

Logo, nenhuma indústria quer ter significativa geração de RIs, pois isto representa uma ineficiência dos processos produtivos e a redução dos lucros da atividade em função do aumento dos custos de gerenciamento!

6.1. Caracterização e Geração de Resíduos Industriais (RI):

Como vimos em capítulos anteriores, caracterizar um resíduo é, em essência, determinar seus principais aspectos físicos, químicos, biológicos, qualitativos e quantitativos.

Os RIs também são uma tipologia de resíduos de acordo com o artigo 13 da PNRS e, de acordo com a ABNT NBR 10.004, podem ser classificados como Classe I, perigosos, e como Classe II A, não perigosos, não inertes e Classe II B, não perigosos, inertes.

Inicialmente podemos definir RIs como aqueles originados nas atividades industriais de diversos ramos, tais como metalúrgica, química, petroquímica, papelaria, alimentícia etc. Uma questão fundamental para realizarmos um bom gerenciamento, é que os RIs são muito variados, podendo ser representados por cinzas, lodos, óleos, resíduos alcalinos ou ácidos, plásticos, papéis, madeiras, fibras, borrachas, metais, escórias, vidros, cerâmicas etc. podendo ou não apresentar características perigosas.

O primeiro passo para definir a melhor estratégia de gestão do RI é conhecer, detalhadamente, as suas características qualitativas e quantitativas. Esta ação se faz por meio de uma classificação precisa do mesmo. Classificar corretamente o resíduo é condição básica para a implementação de todas as etapas seguintes de gestão, seja a coleta, a armazenagem, o transporte, a manipulação ou a destinação final.

A NBR 10.004/2004 descreve que:

> "[...] a classificação destes resíduos envolve a identificação dos processos ou atividades que os originaram, bem

> como seus constituintes e características, além da comparação destes com listagens de resíduos e substâncias cujo impacto à saúde e ao meio ambiente seja previamente conhecido".

Um das questões mais importantes, na gestão desta tipologia de resíduos, que justifica os cuidados necessários à sua classificação, é que os RIs possuem uma capacidade intrínseca de liberação de poluentes (relacionada às características físicas, que determinarão a sua forma de migração pelo meio ambiente). Os poluentes nas fases líquida ou gasosa tendem a impactar mais o meio ambiente do que os poluentes sólidos, as lamas e as pastas. (facilidade de movimentar-se pelo ambiente).

A NBR 10.004/2004 também cita em sua definição de resíduos sólidos aqueles no estado semissólido, por isso se faz necessário analisar de forma mais detalhada as características dos RIs. Devido aos riscos à saúde e ao meio ambiente, alguns resíduos industriais precisam ser classificados para posterior definição do tratamento e destinação final. Para que a eficiência desta classificação seja garantida, algumas etapas preliminares devem ser cumpridas:

1. **Identificação da origem e caracterização dos resíduos:** a análise do processo permite identificar, dentre outras coisas, a tipologia do resíduo, as matérias-primas utilizadas, os produtos gerados e os pontos de geração do resíduo, bem como a composição, a quantidade e a qualidade destes resíduos.
2. **Análise laboratorial dos resíduos:** Para Ritter (2006, p. 7), "[...] as análises laboratoriais somente devem ser realizadas, quando os dados obtidos, com o procedimento anterior, forem insuficientes para caracterizar adequadamente os resíduos, impedindo sua classificação". As análises laboratoriais são realizadas com o intuito de avaliar as possíveis características perigosas dos resíduos (inflamabilidade, corrosividade, patogenicidade e reatividade). Para que estas análises sejam representativas, devem ocorrer conforme o especificado na NBR 10.007/04 Amostragem de Resíduos.
3. **Classificação dos resíduos industriais:** a classificação dos resíduos industriais baseia-se nas características e propriedades destes, no confronto com listagens de resíduos reconhecidamente perigosos e nos padrões de concentração de poluentes. A NBR 10.004 oferece um total de 8 anexos que deverão ser consultados: 1) Anexo A – Resíduos perigosos de fontes não específicas; 2) Anexo B – Resíduos perigosos de fontes específicas; 3) Anexo C – Substâncias que conferem periculosidade aos resíduos; 4) Anexo D – Substâncias agudamente tóxicas;

5) Anexo E – Substâncias tóxicas; 6) Anexo F – Concentração – Limite máximo no extrato obtido no ensaio de lixiviação; 7) Anexo G – Padrões para o ensaio de lixiviação; 8) Anexo H – Codificação de alguns resíduos classificados.

A seguir, apresentamos uma proposta de Fluxo de Caracterização e Classificação de RIs, adaptado às diretrizes da ABNT NBR 10.004. Vale mencionar que, apesar deste processo ter sido desenvolvido para os RIs, ele também pode ser adaptado às diversas tipologias de resíduos existentes. Logo, é recomendável a adoção do mesmo como um guia geral para a caracterização de resíduos.

Figura 10: Fluxo de Caracterização e Classificação de Resíduos

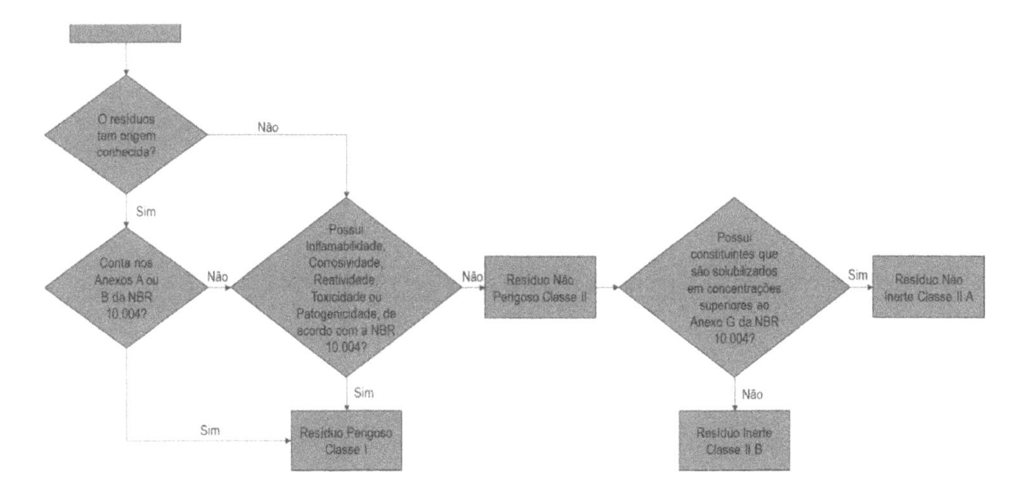

Fonte: Adaptado da ABNT NBR 10.004/04.

Mas de quem é a responsabilidade pela gestão dos RIs? Do gerador do resíduo. Assim como na gestão dos RCCs e dos RSSs, diferentemente dos RSUs, a gestão dos RIs não é competência das Prefeituras, entretanto, quando o resíduo é disposto irregularmente no território municipal, a Prefeitura também se torna responsável, por isso é muito importante que os órgão ambientais competentes, municipais e estaduais, atuem de forma incisiva na fiscalização, comando e controle das atividades que integram a cadeia de gerenciamento desta tipologia de resíduos.

Mas quanto se gera de RIs no Brasil? A quantificação de RIs também não é tarefa fácil em função das múltiplas formas físicas do resíduo e também da ampla gama de geradores. As informações de geração também ficam dispersas em função das diferentes competências pelo licenciamento e controle ambiental das atividades produtivas.

Apesar da existência da Resolução CONAMA 313/12, que versa sobre a obrigatoriedade de elaboração de inventário de geração de resíduos pelas indústrias, as informações consolidadas não são amplamente divulgadas pelos órgãos ambientais estaduais, responsáveis pela centralização das mesmas, causando certa nebulosidade na obtenção de dados sobre a geração e gestão deste tipo de resíduo em nosso País.

6.2. Aspectos Normativos (ABNT NBR 10.004/04)

Como anteriormente mencionado, em nosso País temos uma quantidade significativa de leis, resoluções e normas que, direta ou indiretamente, versam sobre a gestão e o gerenciamento dos RIs. O quadro abaixo apresenta as principais leis e resoluções na esfera nacional:

Quadro 09: Principais referências legais e resoluções federais

Documento	Descrição
Decreto 7.404/10	Regulamenta a Lei 12.305/10 que instituiu a PNRS
Lei Federal 12.305/10	Institui a PNRS
Lei Federal 11.445/07	Estabelece diretrizes para o Saneamento Ambiental
Lei Federal 10.257/01	Estabelece o Estatuto das Cidades
Lei Federal 9.605/98	Lei de Crimes Ambientais
Lei Federal 6.938/81	Institui a PNMA
Resolução CONAMA 316/02	Dispõe sobre procedimentos e critérios para o tratamento térmico
Resolução CONAMA 313/02	Dispõe sobre o inventário nacional de resíduos sólidos industriais

Quadro 10: Principais referências normativas

Documento	Descrição
NBR 10.004/04	Resíduos Sólidos - Classificação
NBR 12.235/92	Armazenamento de resíduos sólidos perigosos definidos na NBR 10.004
NBR 7.500/87	Símbolos de risco e manuseio para o transporte e armazenamento de resíduos
NBR 12.235/92	Armazenamento de resíduos sólidos perigosos - procedimento
NBR 11.174/90	Armazenamento de resíduos classes II - não inertes e III - inertes
NBR 13.221/07	Transporte terrestre de resíduos
NBR 11.175/90	Incineração de resíduos sólidos perigosos - padrões de desempenho
NBR 13.894/97	Tratamento no solo (*landfarming*) - procedimento
NBR 8.418/83	Apresentação de projetos de aterros de resíduos industriais perigosos

O quadro abaixo apresenta as normas da Associação Brasileira de Normas Técnicas (ABNT) relativas ao gerenciamento dos RIs.

Como visto, também temos um longo repertório de leis, resoluções e normas que disciplinam o gerenciamento dos RI no Brasil. Neste subitem, passaremos a apresentar com mais detalhes a Norma ABNT 10.004/04, em função desta ser a referência mais completa sobre o tema. Vale destacar que a Associação Brasileira de Normas Técnicas (ABNT) é o Fórum Nacional de Normalização. As Normas Brasileiras, cujo conteúdo é de responsabilidade dos Comitês Brasileiros (ABNT/CB), dos Organismos de Normalização Setorial (ABNT/ONS) e das Comissões de Estudo Especiais Temporárias (ABNT/CEET), são elaboradas por Comissões de Estudo (CE), formadas por representantes dos setores envolvidos, delas fazendo parte: produtores, consumidores e neutros (universidades, laboratórios e outros) (ABNT NBR 10.004/04).

A ABNT NBR 10.004 foi elaborada pela Comissão de Estudo Especial Temporária de Resíduos Sólidos (ABNT/CEET–00:001.34). O Projeto circulou em Consulta Pública conforme Edital nº 08 de 30.08.2002, com o número Projeto NBR 10.004. A norma é baseada no CFR - Title 40 - Protection of environmental - Part 260-265 - Harzardous waste management e substituiu a sua versão publicada em 1987. A norma possui 7 anexos (A, B, C, D, E, F e G) de caráter normativo e 1 anexo (H) de caráter informativo (ABNT NBR 10.004/04).

A norma destaca que a classificação de resíduos sólidos envolve a identificação do processo ou atividade que lhes deu origem, de seus constituintes e características, e a comparação destes constituintes com listagens de resíduos e substâncias cujo impacto à saúde e ao meio ambiente é conhecido. A norma define ainda que a segregação dos resíduos na fonte geradora e a identificação da sua origem são partes integrantes dos laudos de classificação, onde a descrição de matérias-primas, de insumos e do processo no qual o resíduo foi gerado devem ser explicitados. Outro ponto de destaque é que a norma define que a identificação dos constituintes a serem avaliados na caracterização do resíduo deve ser estabelecida de acordo com as matérias-primas, os insumos e o processo que lhe deu origem. O fluxograma de classificação apresentado na Figura 10, ilustra todo o processo de classificação proposto pela norma.

A norma acaba por estabelecer critérios de classificação e códigos para a identificação dos resíduos de acordo com suas características. Para tal nos 7 anexos de caráter normativo ela apresenta uma listagem de substâncias potencialmente presentes nos resíduos e que merecem atenção dos gestores.

A listagem presente no anexo A indica resíduos perigosos originados de fontes não específicas. A listagem no anexo B aponta resíduos perigosos originados de fontes específicas. No Anexo C, substâncias que conferem periculosidade aos resíduos. Já o Anexo D indica substâncias agudamente toxicas. Anexo E, substâncias tóxicas. O Anexo F apresenta o limite máximo de concentração obtida no ensaio de lixiviação. No anexo G são mostrados os padrões para o ensaio de solubilização.

De acordo com a norma, os resíduos perigosos classificados pelas suas características de inflamabilidade, corrosividade, reatividade e patogenicidade são codificados conforme indicado a seguir:

- D001: qualifica o resíduo como inflamável.
- D002: qualifica o resíduo como corrosivo.
- D003: qualifica o resíduo como reativo.
- D004: qualifica o resíduo como patogênico.

Mas, o que efetivamente significa ser inflamável, corrosivo, reativo ou patogênico? A Figura 11 apresenta os detalhes desta classificação dos resíduos perigosos.

Figura 11: Classificação dos resíduos perigosos segundo a ABNT 10.004/04

Inflamabilidade	Corrosividade	Reatividade	Patogenicidade	Toxicidade
Segundo a NBR 1004, um resíduo sólido é caracterizado como inflamável se uma amostra representativa dele, apresentar qualquer uma das seguintes propriedades: Ser líquida e ter ponto de fulgor inferior a 60ºC, excetuando-se as soluções aquosas com menos de 24% de álcool em volume; Não ser líquida e ser capaz de produzir fogo por fricção, absorção de umidade ou por alterações químicas; Ser um oxidante e estimular a combustão; Ser um gás comprimido inflamável.	Segundo a NBR 1004, um resíduo sólido é caracterizado como inflamável se uma amostra representativa dele, apresentar qualquer uma das seguintes propriedades: Ser líquida e ter ponto de fulgor inferior a 60ºC, excetuando-se as soluções aquosas com menos de 24% de álcool em volume; Não ser líquida e ser capaz de produzir fogo por fricção, absorção de umidade ou por alterações químicas; Ser um oxidante e estimular a combustão; Ser um gás comprimido inflamável.	As substancias reativas são aquelas que experimentam reações violentas, necessitando ou não de outras substâncias para tal. Este fato é geralmente devido à presença de agentes redutores ou oxidantes na estrutura química destas substâncias, que podem combinar-se de forma a implicar fortes reações exotérmicas.	Segundo a NBR 10004, um resíduo é caracterizado como patogênico quando houver uma suspeita ou certeza de que uma amostra representativa do mesmo, contenha microorganismos patogênicos, proteínas virais, ácido desoxiribonucleico (DNA), ácido ribonucléico (RNA) recoimbinantes, organismos geneticamente modificados, toxinas etc. capazes de produzir doenças em seres humanos, animais e vegetais.	Toxicidade pode ser definida como a característica química de uma dada substância capaz de causar algum efeito nocivo quando há interação da mesma com um organismo vivo qualquer (RITTER, 2007, p. 9). A toxicidade esta diretamente relacionada à dose induzida desta substância nos sistemas de cada organismo. Resíduos tóxicos são aqueles que, quando ingeridos ou absorvidos, tornam-se prejudiciais à saúde humana, podendo inclusive levar ao óbito.

Ou seja, podemos perceber a diversidade e a complexidade de componentes para classificarmos um RI como perigoso. Na prática, basta o resíduo em análise, industrial ou não, apresentar, pelo menos, uma das características acima que já é enquadrado como Resíduo Classe I, Perigoso.

6.3. Etapas do Gerenciamento dos RIs

Até então vimos um pouco sobre as premissas, instrumentos, objetivos e diretrizes da PNRS, bem como vimos informações específicas sobre a caracterização e classificação dos RIs de acordo com a ABNT 10.004/04. Agora, vamos conhecer um pouco das características das etapas de gerenciamento dos RIs:

1) **Caracterização:** ação sanitária com o objetivo de restringir a exposição dos usuários aos riscos dos resíduos industriais. A caracterização é composta pela identificação da origem, análise laboratorial (se for necessário) e classificação do RI.
2) **Segregação:** ação sanitária com o objetivo de restringir a exposição dos usuários aos riscos dos resíduos industriais. A segregação é a separação dos resíduos, conforme a classificação (perigosos e não perigosos) no momento e local de sua geração, de acordo com as características físicas, químicas, biológicas, o seu estado físico e os riscos envolvidos.
3) **Acondicionamento:** ação sanitária com o objetivo de restringir a exposição dos usuários aos riscos dos resíduos industriais. O acondicionamento é o ato de embalar os resíduos segregados em bombonas, tambores, piscinas, sacos ou recipientes que evitem vazamentos, e quando couber, sejam resistentes à ruptura e tombamento, e que sejam adequados física e quimicamente ao conteúdo acondicionado.
4) **Coleta e transporte Interno:** ação sanitária que visa o afastamento dos resíduos dos usuários do local de geração. Os procedimentos, rotinas e equipamentos são definidos por normas técnicas específicas.
5) **Armazenamento interno, temporário e externo:** ação sanitária com o objetivo de restringir a exposição dos usuários aos riscos. O armazenamento externo é a guarda dos coletores de resíduos em ambiente exclusivo, com acesso facilitado para a coleta externa. O armazenamento interno é a guarda do resíduo contendo produto químico ou rejeito radioativo na área de trabalho, em condições definidas pela legislação e normas aplicáveis a essa atividade. O armazenamento temporário é a guarda temporária dos coletores de resíduos, em ambiente próximo aos pontos de geração, visando agilizar a coleta no interior das instalações e otimizar o deslocamento entre os pontos geradores e o ponto destinado à apresentação para coleta externa.
6) **Coleta e transporte externos:** ação sanitária que visa o afastamento dos resíduos do gerador. Os procedimentos, rotinas e equipamentos são defi-

nidos por normas técnicas específicas.

7) **Destinação:** ação sanitária que inclui o beneficiamento, a reutilização, a reciclagem, a recuperação e o aproveitamento energético ou outras destinações admitidas pelos órgãos competentes do Sistema Nacional do Meio Ambiente (Sisnama), entre elas a disposição final ambientalmente adequada, observando normas operacionais específicas de modo a evitar danos ou riscos à saúde pública e à segurança e a minimizar os impactos ambientais adversos.

8) **Disposição:** distribuição ordenada de rejeitos do processo de destinação final em aterros sanitários de pequeno porte, aterros sanitários convencionais ou aterros industriais, desde que observadas normas operacionais específicas, a fim de evitar riscos à saúde pública e à segurança e a minimizar os impactos ambientais adversos.

6.4. Destinação e Disposição de RI:

Os resíduos industriais perigosos tendem a ser persistentes dentro do meio ambiente. Por isso, é fundamental buscar por soluções de destinação que privilegiem tratamentos prévios, que reduzam, em especial, a periculosidade associada. Em geral, a destinação é caracterizada pelo tratamento dos RIs através de processos biológicos, físico-químicos, químicos e térmicos e a disposição final por aterros industriais perigosos.

Algumas substâncias podem ser degradadas por micro-organismos específicos, como ocorre em processos biológicos. A questão desta tipologia de processo está relacionada à sua baixa eficiência na redução de periculosidade associada aos metais pesados presentes em diversos RIs. Os processos físico-químicos de tratamento consistem basicamente em separar os resíduos perigosos das soluções aquosas que os contém. Os resíduos continuam perigosos após a separação, mas são recuperados ou concentrados para tratamentos futuros. Já os processos químicos têm como premissas as diversas reações químicas possíveis, como a oxidação e a redução de compostos, neutralização de ácidos e bases e a remoção de metais pesados por meio de precipitação, entre outras. Outra forma bastante eficaz de tratar resíduos perigosos é através da utilização de processos térmicos. Os processos térmicos tendem a inertizar totalmente os compostos perigosos, além de reduzir drasticamente o volume a ser disposto.

Segundo a Environmental Protection Agency (EPA), o tratamento de um resíduo perigoso compreende qualquer método, técnica ou processo que provoque mudanças de caráter físico ou biológico da composição desse resíduo, transformando-o em resíduo não perigoso, seguro para o transporte, adequado para reutilização, armazenamento, ou que lhe reduza o volume (EPA, 2020).

Temos diversas tecnologias possíveis para a destinação de RIs. Neste item conheceremos o processo de Landfarming, de Coprocessamento e de Plasma. Vale destacar que a incineração já foi apresentada nos capítulos anteriores, mas se adequa muito bem à destinação desta tipologia de resíduos!

1) ***Landfarming:*** a metodologia do landfarming objetiva, através do uso de técnicas agrícolas, tais como a aeração mecânica e a adubação química, aumentar a ação decompositora de microrganismos presentes no solo, para então tratar resíduos que contenham frações sólidas e aquosas in situ. O espalhamento do material, especialmente o oleoso, sobre o solo e a incorporação dos mesmos na camada arável, influencia diretamente a taxa de atividade dos microrganismos responsáveis pela biodegradação dos resíduos. Ou seja, a biodegradação microbiana, que é o mecanismo primário de eliminação dos poluentes orgânicos do ambiente, compõe a base deste tratamento, sendo de grande importância à manutenção de uma comunidade microbiana heterotrófica ativa. (SIQUEIRA, 2005, p. 3)
2) **Blendagem e Coprocessamento:** O processo de blendagem é uma técnica de valorização de resíduos, que consiste, basicamente, na mistura de diversos resíduos industriais, perigosos e não perigosos, em diferentes formas físicas (líquidos, sólidos, pastas, lodos etc.) e em diferentes composições químicas, em unidade industrial específica, para a produção de Combustível Derivado de Resíduos (CDR), a ser encaminhado, dentro de características físicas e químicas extremamente rigorosas, para unidades de Coprocessamento. O Coprocessamento pode ser interpretado como uma técnica de reaproveitamento de resíduos. Consiste basicamente em utilizar os resíduos sejam eles orgânicos ou inorgânicos, como combustível na indústria de cimento ou como matéria-prima na indústria de cerâmica. A primeira etapa do coprocessamento é a produção de clínquer, que é o produto da mistura de argila com calcário, aquecido até 1450°C, e posteriormente resfriada. É dentro dos fornos de clinquerização que os resíduos blendados são utilizados como combustíveis alternativos. Devido à necessidade de manutenção de alta temperatura no interior do forno para que seja possível gerar o clínquer, vários tipos de resíduos industriais podem ser utilizados no processo. Após passar por este processo, os resíduos industriais serão incorporados ao cimento, caso eles sejam orgânicos, serão termicamente destruídos, caso sejam inorgânicos serão to-

talmente inertizados. Ou seja, ou estes resíduos já inertizados comporão a estrutura química do cimento, ou serão retidos no sistema de controle atmosférico exigido durante o rigoroso licenciamento ambiental deste tipo de atividade.

3) **Plasma:** o plasma pode ser entendido como o estado de um gás (ar, argônio, nitrogênio, hidrogênio, hélio, oxigênio etc.), quando este está parcialmente ionizado e aquecido através de energia elétrica, de forma que atinja altas temperaturas (variante entre 5.000 e 50.000°C, de acordo com a capacidade tecnológica da planta). O estado de plasma do gás é criado e mantido através das tochas de plasma, similares aos queimadores utilizados em fornos industriais. A técnica de plasma pode tratar diversos tipos de resíduos industriais, que contenham ou não metais pesados, como exemplo o lodo galvânico, as cinzas de incineração, os catalisadores petroquímicos exaustos, as borras industriais etc. Existem basicamente dois tipos de processos para o tratamento de resíduos por plasma, sendo eles o aquecimento direto ou através do processamento em duas câmaras. No aquecimento direto, através da tocha de plasma, é gerado um campo de energia que induz a dissociação molecular dos resíduos, ou seja, a tocha de plasma cria condições que simplificam a estrutura química dos resíduos. Já no processamento em duas câmaras, os resíduos a serem tratados são colocados na primeira câmara para fundir totalmente a fração inorgânica e gaseificar a fração orgânica. Os produtos gasosos e líquidos desta etapa serão então vertidos para a segunda câmara, onde através do reator de plasma serão tratados da mesma forma que no processamento em uma câmara. (MENEZES, 1999). Como produto do tratamento através do plasma será gerada uma fração gasosa, geralmente composta por metano, monóxido e dióxido de carbono, hidrogênio, nitrogênio e água, uma fração metálica líquida, que solidificará e uma fração sólida vítrea composta de sílica que sobrenadará a fração metálica líquida. Desta forma, os elementos perigosos ou não perigosos dos resíduos tratados ficam encapsulados, sem a possibilidade de solubilizarem de forma similar ao que ocorre no coprocessamento.

A disposição final dos RIs se aplica apenas para rejeitos de processo de tratamento, classificados como não perigosos. Os locais de disposição são, em geral, os aterros industriais Classe II ou os aterros sanitários licenciados com codisposição de resíduos industriais. Os resíduos ou rejeitos que ainda apresentarem componentes perigosos devem ser enviados para aterros industriais. Os aterros de resíduos industriais perigosos são similares aos aterros sanitários de resíduos sólidos urbanos. A diferença entre os dois tipos de aterros está na maior precaução (rigor) ambiental durante a construção e a operação.

Dentre estas precauções, destacam-se as relativas ao sistema de impermeabilização superior e inferior, que devem ser mais eficientes, com o intuito de evitar a formação e o vazamento de lixiviado. Além desta precaução, também se destacam a incompatibilidade química de alguns resíduos, não permitindo que os mesmos sejam dispostos juntos e a necessidade de um maior monitoramento ambiental da área de influência do aterro.

A disposição final de resíduos sólidos perigosos em aterros industriais exige uma prévia análise de fatores condicionantes. A correta disposição destes resíduos exige conhecimento das propriedades e características do solo sobre o qual será depositado, bem como do próprio resíduo, além das condições hidrogeológicas da região.

Hoje, os modelos modernos de impermeabilização em aterros utilizam múltiplas barreiras de proteção ao meio ambiente. Estes modelos compreendem estudos mais detalhados das condições hidrogeológicas naturais da região e da pesquisa de materiais artificiais para a utilização deles nas camadas impermeabilizantes e no sistema de coleta e tratamento do lixiviado. Vale destacar neste momento a existência da NBR 8.418/83, que define diretrizes para a apresentação de projetos de aterros de resíduos industriais perigosos.

CAPÍTULO 7:
Planos de Gerenciamento de Resíduos: Uma Visão de Projetos

Neste capítulo iremos trabalhar a importância do planejamento para o sucesso das ações de gestão e gerenciamento de resíduos. Começaremos esta temática destacando que o "planejamento é vital para o sucesso de qualquer projeto, em qualquer área do conhecimento". De forma pragmática, "Planejar" significa antever problemas e preparar respostas (soluções) antecipadas aos mesmos. Não existe planejamento sem a definição de objetivos a serem alcançados, por isso, é fundamental preparar, organizar e estruturar processos em prol do alcance dos objetivos. Em síntese, ao planejar, conseguimos lapidar ideias, antever problemas, mudar estratégias e até mesmo corrigir o curso de nossas ideias em função dos fatos constatados.

Na área da administração, planejar e imaginar devem ser encarados como sinônimos. Dessa forma, no planejamento, discutimos e avaliamos ideias, cocriamos cenários, definimos propósitos e até mesmo nossos próprios objetivos com um determinado projeto. Peter Drucker, autor da área de administração e gestão de negócios, tem uma frase célebre sobre o tema: "A melhor forma de prever o futuro, é criá-lo!", e o planejamento se enquadra muito bem nesta reflexão.

Planejamos para executarmos de forma assertiva (com foco e sem intercorrências) nossas ações. Ou seja, o planejamento nos ajuda a prever ações, processo e etapas, e, com isso, a desenvolvermos melhor as nossas atividades profissionais e até mesmo as atividades pessoais. Desde a preparação de uma apresentação importante no trabalho à uma viagem familiar, o planejamento nos ajuda a ter maiores chances de êxito!

7.1. Técnicas de projetos aplicadas ao gerenciamento de resíduos:

Considerando o contexto apresentado, chegamos então a um conceito muito importante, o conceito de "Projeto". De acordo com o Project Management Institute (PMI) (2016), um projeto é um esforço temporário empreendido para criar um produto, serviço ou resultado exclusivo. Na visão da International Organization for Standardization (ISO), o projeto é um esforço único, constituído em um grande grupo de atividades coordenadas e controladas com datas para início e término, empreendido para alcance de um objetivo conforme requisitos específicos, incluindo limitações de tempo, custo e recursos.

Segundo Silva (2016), entre outras características de um projeto, podemos destacar:

- Um projeto é gerenciado pelo gerente do projeto, auxiliado pela equipe de gerenciamento;
- Todo projeto possui ao menos um patrocinador;
- Todo projeto afeta um grupo de partes interessadas;
- Um projeto é sempre composto por entregas parciais ou finais;
- Os projetos interagem com outros e com as operações rotineiras da organização;
- Os projetos também podem ser elaborados através da produção progressiva;
- O custo é normalmente mais baixo nas fases iniciais do projeto, aumentando progressivamente nas fases de execução, para depois cair novamente ao final do projeto;
- Os riscos e as incertezas são altos no início do projeto, já que há muito ainda que planejar e executar. Esses fatores diminuem ao longo da vida do projeto à medida que as decisões vão sendo feitas e aceitas;
- As mudanças e correções de erros tem um custo mais baixo no início do projeto, já que pouca ou nenhuma entrega foi realizada. A medida que as entregas vão sendo feitas, os custos das mudanças podem até inviabilizar o término do projeto;
- A influência das partes interessadas é alta no início do projeto,

já que pouca ou nenhuma entrega foi realizada. À medida que as entregas vão sendo feitas, a influência vai diminuindo.

Podemos dizer que os projetos são temporários pois tem início e fim bem definidos, além disso, projetos são exclusivos pois devem sempre produzir algo novo. Normalmente um projeto é criado para levar uma pessoa, grupo de pessoas ou organização de um estado a outro de forma a atingir um objetivo específico, desta forma, podemos dizer que projetos impulsionam mudanças e criam valor de negócios. Dessa forma, quando uma empresa ou um órgão público adota a visão de gerenciamento de projetos, estará adotando uma importante ferramenta para possibilitar o alcance de resultados, pois ao invés de executar projetos aleatoriamente, estará melhorando seus processos e alinhando os mesmos às necessidades estratégicas que impulsionaram a sua necessidade de desenvolvimento!

De acordo com a Sexta Edição do Guia PMBOK, proposto pelo PMI, a gestão de projetos é a aplicação do conhecimento, habilidades, ferramentas e técnicas às atividades do projeto, a fim de atender aos seus requisitos. Dessa forma, cabe ao responsável pelo projeto fazer com que as ferramentas, técnicas, procedimentos e padrões estabelecidos sejam devidamente cumpridos nos termos das metas e indicadores definidos.

Desta forma, acredita-se que, para as diversas atividades profissionais ou pessoais, inclusive o planejamento das ações de gerenciamento e gestão de resíduos, os conceitos, técnicas e ferramentas do gerenciamento de projetos podem auxiliar no controle de ações, na definição de prioridades, na tomada de decisão, no aporte de recursos, na definição de tempo investido etc. Ou seja, as técnicas de gerenciamento de projetos nos ajudam não só na construção de um planejamento assertivo, como também na execução, monitoramento e controle assertivos das ações planejadas. A seguir, adaptado de Silva (2016) e do PMI (2016), é proposto um fluxo teórico de gerenciamento de projetos:

Figura 12: Fluxograma teórico de gerenciamento de projetos

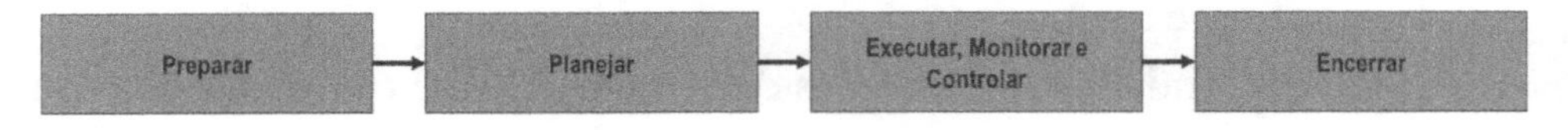

Fonte: Adaptado de Silva (2016) e PMI (2016)

Na etapa "Preparar", devemos, minimamente:

1. Identificar as partes interessadas (Stakeholders) que podem in-

fluenciar ou serem influenciados pelo projeto, verificando o seu nível de engajamento;

2. Realizar o levantamento inicial das expectativas; críticas das partes interessadas chave, em especial do Cliente e do Patrocinador do projeto;
3. Definir o escopo básico do projeto (que que deverá ser feito e entregue);
4. Estimar, superficialmente os custos, os prazos, os riscos, as equipes e os recursos necessários para a entrega do escopo básico;
5. Registrar todos os erros cometidos e todas as lições aprendidas durante a etapa de preparação;
6. Caracterizar o início formal da etapa de planejamento com ciência e anuência das principais partes interessadas.

Para qualquer projeto, inclusive de gestão e gerenciamento de resíduos, na etapa "Planejar", recomenda-se que sejam realizadas as seguintes ações:

1. Atualizar (incluir ou excluir) partes interessadas (Stakeholders) que podem influenciar ou serem influenciados pelo projeto, verificando o seu nível de engajamento;
2. Identificar e priorizar requisitos a partir do levantamento de interesses e expectativas de todas as partes interessadas no projeto;
3. Definir a estratégia de conversão de requisitos em entregas possíveis, priorizando as mesmas, ajustando e complementando o escopo básico do projeto;
4. Estimar, de forma detalhada, os custos, os prazos, os riscos, as equipes e os recursos necessário para a entrega do escopo completo, dentro das expectativas de prazo, custo, escopo e qualidade das principais partes interessadas;
5. Decompor o projeto o máximo possível para facilitar o planejamento do mesmo por etapas;
6. Definir indicadores de desempenho gerenciais e de processos a serem utilizados nas diversas etapas e áreas em planejamento;
7. Definir as diferentes formas de comunicação, customizadas às diferentes partes interessadas, para garantir que todas tenham acesso à informação desejada, no tempo correto, buscando o seu constante engajamento;
8. Registrar todos os erros cometidos e todas as lições aprendidas durante a etapa de planejamento;

9. Caracterizar o início formal da etapa de execução, monitoramento e controle com ciência e anuência das principais partes interessadas.

Na etapa "Execução, Monitoramento e Controle", recomendam-se as seguintes ações:

1. Atualizar (incluir ou excluir) partes interessadas (Stakeholders) que podem influenciar ou serem influenciados pelo projeto, verificando o seu nível de engajamento;
2. Validar a decomposição do projeto em etapas buscando definir estratégia assertiva de execução;
3. Iniciar a execução das etapas planejadas, buscando seguir à risca as diretrizes de planejamento propostas e validadas;
4. Aferir os resultados dos indicadores de desempenho gerenciais e de processos, nas diversas etapas e áreas em execução;
5. Definir as diversas frequências de aferição dos indicadores gerenciais e de processos, de forma a sempre propiciar tomadas de decisão e ações corretivas;
6. Realizar as entregas parciais às partes interessadas, conforme cronograma estabelecido, buscando feedbacks para eventuais ajustes, correções, antes de uma maior evolução do projeto;
7. Comunicar o status às diversas partes interessadas, de acordo com a estratégia previamente estabelecida, buscando monitorar o status do seu engajamento com o projeto;
8. Repetir processos de execução e monitoramento até a finalização das entregas;
9. Registrar todas os erros cometidos e todas as lições aprendidas durante a etapa execução, monitoramento e controle;
10. Caracterizar o início formal da etapa de encerramento com ciência e anuência das principais partes interessadas;

Por fim, na etapa "Encerrar", recomendam-se as seguintes ações:

1. Encerrar formalmente o projeto completo com a realização de todas as entregas planejadas e executadas (documentos, planilhas, relatórios, consolidação de indicadores etc.), atendendo, sempre que possível, às expectativas de custo, prazo, escopo e qualidade das partes interessadas;
2. Compilar os registros de erros cometidos e de lições aprendidas para manter todas as partes interessadas cientes da curva de construção de conhecimento do projeto.

3. Iniciar a prospecção de novos projetos e aplicar o conhecimento adquirido, de forma ainda mais assertiva em projetos futuros.

Vale mencionar que as técnicas apresentadas podem ser aplicadas a diversos projetos derivados de ações de gestão e gerenciamento de resíduos, tais como o desenvolvimento de um programa de coleta seletiva, a criação de um fluxo circular, a criação de um canal de logística reversa, o aproveitamento energético de biogás em um aterro sanitário etc. Entretanto, não restam dúvidas da relevância destas técnicas na elaboração de Planos de Gerenciamento de Resíduos. Logo, para a construção assertiva de um Plano de Gerenciamento de Resíduos, é fundamental que consideremos este processo como um "Projeto".

7.2. A PNRS e os Planos de Resíduos Sólidos:

Como vimos no segundo capítulo, a PNRS nos traz muitos princípios, objetivos, instrumentos, diretrizes e classificações para a gestão e o gerenciamento dos resíduos sólidos em nosso país. E qual é a melhor forma de organizar todas estas informações? Sem dúvida, através da construção de Planos de Gestão e de Gerenciamento de Resíduos!

É um fato que os resíduos não serão descartados corretamente de forma espontânea, sabemos também, que a coleta e o transporte somente conduzirão os resíduos para o local adequado de destinação ou disposição final se houver um planejamento prévio destas ações, bem como um elevado engajamento e compromisso das partes interessadas no sucesso destas ações. Por estes motivos, é necessário compreender, com detalhes, o contexto da geração dos resíduos, para, a partir disto, podermos propor estratégias que garantam o cumprimento da hierarquia de gestão e gerenciamento definida pelo artigo nono da PNRS (a não geração, a redução, a reutilização, a reciclagem, o tratamento e o destino final ambientalmente adequado apenas dos rejeitos).

Sem dúvida, a elaboração de Planos de Gestão e de Gerenciamento são ferramentas estratégicas importantíssimas para o alcance de bons resultados e para no manejo de resíduos. Mas o que diz a PNRS acerca dos Planos de Resíduos Sólidos? De acordo com o artigo 14, estão previstas as seguintes tipologias de planos em âmbito Nacional: 1) Plano Nacional; 2) Planos Estaduais; 3) Planos Regionais; 4) Planos Intermunicipais; 5) Planos Municipais e; 6) Planos de Gerenciamento.

Para todos as tipologias, a PNRS enfatiza que devem ser asseguradas a ampla publicidade durante as etapas de produção, implementação e operação das ações de planejamento. Desta forma é possível atender diversos princípios participativos e colaborativos previstos no artigo sexto da PNRS, seja para órgãos e empresas públicas ou para empresas privadas. Ou seja, um plano de resíduos bem elaborado conta com a colaboração de todas as partes interessadas em sua implementação, desde a unidade geradora e todos os seus colaboradores, à empresa de coleta e transporte, à empresa de valorização e tratamento, à empresa de destinação final, à sociedade diretamente impactada pelo plano (vizinhança), os órgãos ambientais competentes etc.

Na PNRS, ao longo dos artigos 15, 16, 17, 18 e 19 são apresentadas diretrizes para a construção do Plano Nacional, Planos Estaduais e Planos Municipais de Resíduos. Nos artigos 20, 21, 22, 23 e 24 são apresentadas diretrizes para a elaboração de Planos de Gerenciamento em amplo senso.

Destaca-se que, até setembro de 2021, o Governo Brasileiro ainda não conseguiu concluir a elaboração do Plano Nacional de Resíduos Sólidos, mesmo após 10 anos da promulgação da PNRS. Compreende-se a complexidade de ouvir contribuições em diversas regiões e estados, entretanto, entende-se ser urgente a conclusão de um plano nacional para melhor embasar ações e diretrizes dos planos estaduais, regionais, intermunicipais, municipais e de gerenciamento.

De acordo com a PNRS o Plano Nacional deve ser elaborado mediante processo de mobilização e participação social, incluindo a realização de audiências e consultas públicas em todo o Brasil, que, felizmente, já ocorreram, ao longo do ano de 2021. A condução do processo de elaboração é do Ministério do Meio Ambiente e, após concluído, o Plano Nacional terá vigência indeterminada, com horizonte de 20 anos e atualizações a cada 4 anos. O artigo 15 da PNRS (BRASIL, 2010) define ainda o escopo mínimo do Plano Nacional, sendo ele:

- Diagnóstico da situação atual dos resíduos sólidos;
- Proposição de cenários com tendências internacionais e macroeconômicas;
- Metas de redução, reutilização e reciclagem;
- Metas para o aproveitamento energético do biogás;
- Metas para a eliminação e recuperação de lixões, associadas à inclusão social e à emancipação econômica de catadores;
- Programas, projetos e ações para o atendimento das metas previstas;

- Normas e condicionantes técnicas para o acesso a recursos da União;
- Medidas para incentivar e viabilizar a gestão regionalizada;
- Diretrizes para o planejamento e demais atividades de gestão de resíduos;
- Normas e diretrizes para a disposição final de rejeitos e resíduos;
- Meios a serem utilizados para o controle e a fiscalização, no âmbito nacional.

De acordo com a PNRS, a elaboração dos Planos é condição para que os Estados tenham acesso a recursos específicos da União, destinados a empreendimentos e serviços relacionados à gestão de resíduos sólidos, ou para serem beneficiados por incentivos ou financiamentos de entidades federais de crédito ou fomento. Assim como o Plano Nacional, os Planos Estaduais devem ser elaborados para uma vigência indeterminada, abrangendo todo o território do Estado, com horizonte de atuação de 20 anos e revisões a cada 4 anos. A PNRS (BRASIL, 2010), em seu artigo 17, também define o escopo mínimo para a elaboração, sendo ele:

- Diagnóstico dos principais fluxos de resíduos e seus impactos;
- Proposição de cenários;
- Metas de redução, reutilização e reciclagem;
- Metas para o aproveitamento energético do biogás;
- Metas para a eliminação e recuperação de lixões, associadas à inclusão social e à emancipação econômica de catadores;
- Programas, projetos e ações para o atendimento das metas previstas;
- Normas e condicionantes técnicas para o acesso a recursos;
- Medidas para incentivar e viabilizar a gestão consorciada;
- Diretrizes para o planejamento e demais atividades de gestão de resíduos;
- Normas e diretrizes para a disposição final de rejeitos e resíduos;
- Previsão de zonas favoráveis para implantação de áreas de tratamento e disposição final de resíduos e de áreas degradadas pela disposição inadequada;
- Meios a serem utilizados para o controle e a fiscalização, no âmbito estadual.

De acordo com a PNRS (BRASIL, 2010), a elaboração de Plano Municipal de gestão de resíduos sólidos, é condição para que os municípios tenham acesso à recursos da União, ou por ela controlados, destinados a empreendimentos e serviços relacionados à limpeza urbana e ao manejo de resíduos sólidos, ou para serem beneficiados por incentivos ou financiamentos de entidades federais de crédito ou fomento. A PNRS (BRASIL, 2010), em seu artigo 19, também define o escopo mínimo, sendo ele:

- Diagnóstico da situação atual dos resíduos sólidos, contendo origem, volume, caracterização e as formas de destinação final adotados;
- Identificação das áreas favoráveis para disposição final de rejeitos;
- Identificação das possibilidades de soluções consorciadas;
- Identificação dos resíduos e dos geradores sujeitos à plano específico;
- Procedimentos operacionais e especificações mínimas dos serviços de limpeza urbana, incluída a destinação final;
- Indicadores de desempenho operacional dos sistemas de limpeza pública e manejo de resíduos;
- Regras para o transporte e outras etapas de gerenciamento;
- Definição das responsabilidades quanto à implementação e operação das etapas de gerenciamento de resíduos;
- Programas e ações de capacitação técnica;
- Programas e ações de educação ambiental das partes interessadas;
- Programas e ações de educação ambiental que promovam a não geração, a redução, a reutilização e a reciclagem de resíduos sólidos;
- Programas e ações para a participação dos grupos interessados, em especial das cooperativas ou outras formas de associação de catadores de materiais reutilizáveis e recicláveis formadas por pessoas físicas de baixa renda, se houver;
- Mecanismos para a criação de fontes de negócios, emprego e renda, mediante a valorização dos resíduos sólidos;
- Sistema de cálculo dos custos da prestação dos serviços públicos de limpeza urbana e de manejo de resíduos sólidos, bem como a forma de cobrança desses serviços, observada a Lei nº 11.445, de 2007;
- Metas de redução, reutilização, coleta seletiva e reciclagem, entre outras, com vistas a reduzir a quantidade de rejeitos encami-

nhados para disposição final ambientalmente adequada;

- Descrição das formas e dos limites da participação do poder público local na coleta seletiva e na logística reversa e de outras ações relativas à responsabilidade compartilhada pelo ciclo de vida dos produtos;
- Meios a serem utilizados para o controle e a fiscalização, no âmbito local, da implementação e operacionalização dos planos de gerenciamento de resíduos sólidos e dos sistemas de logística reversa;
- Ações preventivas e corretivas a serem praticadas, incluindo programa de monitoramento;
- Identificação dos passivos ambientais relacionados aos resíduos sólidos, incluindo áreas contaminadas, e respectivas medidas saneadoras;
- Periodicidade de sua revisão, observado prioritariamente o período de vigência do plano plurianual municipal;
- Periodicidade de sua revisão, observado o período máximo de 10 (dez) anos.

Quanto à Produção dos Planos de Gerenciamento em sentido amplo. De acordo com o artigo 20 da PNRS as atividades geradoras dos seguintes resíduos estão sujeitas à elaboração: 1) Resíduos oriundos dos serviços públicos de saneamento básico; 2) Resíduos industriais; 3) Resíduos de serviço de saúde; 4) Resíduos de mineração; 5) Estabelecimentos comerciais ou de prestação de serviço que gere resíduos perigosos ou resíduos que, mesmo caracterizados como não perigosos, por sua natureza, composição ou volume, não sejam equiparados aos resíduos domiciliares pelo poder público municipal; 6) Resíduos da construção civil (empresas / construtoras); 7) Resíduos de serviços de transporte (rodoviárias / aeroportos etc.); 8) Resíduos Agrossilvopastoris.

Assim como para os Planos Nacional, Estaduais e Municipais, a PNRS (BRASIL, 2010) também apresenta diretrizes que compõem o escopo mínimo de elaboração dos Planos de Gerenciamento de Resíduos. Segundo o artigo 21 da PNRS (BRASIL, 2010), o plano deve conter, minimamente:

- Descrição do empreendimento ou atividade;
- Diagnóstico dos resíduos sólidos gerados ou administrados, contendo a origem, o volume e a caracterização dos resíduos, incluindo os passivos ambientais a eles relacionados;

- Observadas as normas estabelecidas pelos órgãos do Sisnama, do SNVS e do Suasa e, se houver, o plano municipal de gestão integrada de resíduos sólidos: a) Explicitação dos responsáveis por cada etapa do gerenciamento de resíduos sólidos; b) Definição dos procedimentos operacionais relativos às etapas do gerenciamento de resíduos sólidos sob responsabilidade do gerador;
- Identificação das soluções consorciadas ou compartilhadas com outros geradores;
- Ações preventivas e corretivas a serem executadas em situações de gerenciamento incorreto ou acidentes;
- Metas e procedimentos relacionados à minimização da geração de resíduos sólidos e, observadas as normas estabelecidas pelos órgãos do Sisnama, do SNVS e do Suasa, à reutilização e reciclagem;
- Se couber, ações relativas à responsabilidade compartilhada pelo ciclo de vida dos produtos;
- Medidas saneadoras dos passivos ambientais relacionadas aos resíduos sólidos;
- Periodicidade de sua revisão, observado, se couber, o prazo de vigência da respectiva licença de operação a cargo dos órgãos do Sisnama.

O referido artigo traz ainda duas questões relevantes que devem ser observadas pelo profissional que irá desenvolver o Plano de Gerenciamento: 1) devem ser observados os princípios, objetivos, instrumentos e diretrizes do Plano Municipal da cidade onde está instalada a unidade geradora; 2) a inexistência de Plano Municipal não isenta o gerador da obrigação de produzir o Plano de Gerenciamento de sua unidade.

O artigo 22 traz uma determinação muito boa para a criação de mercado profissional e absorção de mão de obra qualificada para atuar no gerenciamento dos resíduos. Para a elaboração, implementação, operacionalização e monitoramento de todas as etapas do plano de gerenciamento de resíduos sólidos deve ser contratado responsável técnico devidamente habilitado. Esta exigência abre muitas portas a profissionais da área de Engenharia Ambiental, Planejamento e Gestão Ambiental, visto que se trata de uma obrigação legal, que deve ser cumprida pelos geradores enquadrados no artigo 20.

Outra questão importante é destacada no artigo 23. O Plano precisa estar sempre atualizado junto aos órgãos de controle ambiental competentes. As autoridades ambientais precisam ter acesso às informações completas sobre a implementação e a operacionalização das estratégias de gestão propostas. Para tal, a PNRS define que a periodicidade mínima desta atualização e consequentemente notificação aos órgãos competentes seja de um ano.

Vale frisar que o Plano de Gerenciamento faz parte do licenciamento ambiental das atividades potencial e efetivamente poluidoras. Por isso, é importante que as empresas licenciadas busquem produzir os mesmos, pois a sua ausência ou inadequação, pode vir a figurar como um impeditivo para concessão, averbação, prorrogação ou renovação de licenças ambientais, gerando diversos outros problemas à empresa, por exemplo, multas pela sua não apresentação.

7.3. Estratégias para a elaboração de PGRs:

Dividimos as estratégias para elaboração de Planos de Gerenciamento de Resíduos Sólidos em quatro ações distintas, sendo elas a) Mobilização Inicial, Sensibilização e Lançamento; b) Elaboração do Diagnóstico; c) Elaboração do Prognóstico; e d) Monitoramento e Controle; sendo todas descritas a seguir:

a) **Mobilização Inicial, Sensibilização e Lançamento do Plano:**

Já de início, vale enfatizar que **ninguém constrói um Plano de Gerenciamento de Resíduos sozinho, é fundamental o escutar de forma ativa muitas partes interessadas, bem como a promoção de uma troca legítima de experiências, muita colaboração e muito engajamento para alcançar os resultados desejados.** Este não é um planejamento individual e sim coletivo, em prol de um bem comum! Por isso, a participação das diversas partes interessadas é um ponto crítico de sucesso para a assertividade de qualquer Plano de Gerenciamento de Resíduos.

Desta forma, entende-se que o gestor à frente do processo deva buscar meios de mobilizar e sensibilizar as partes interessadas, bem como formalizar e dar visibilidade ao início do Plano. Mas, quais estratégias podemos adotar para conduzir adequadamente esta ação:

- Compreender o PGR como um "Projeto" a ser executado pela empresa geradora dos resíduos;
- Identificar as partes interessadas no PGR, avaliando o seu engajamento continuamente;

- Realizar reuniões de alinhamento com as diferentes partes interessadas no PGR. Devemos focar em perguntas estratégicas: O que? Quando? Quanto? Como?
- Organizar eventos (Seminários / Workshops) participativos para debate de ideias sobre estratégias e para o lançamento do PGR;
- Investir em palestras e treinamentos técnicos para elevar o conhecimento e a percepção de relevância das partes interessadas;
- Promover a transparência das ações em curso para além das partes interessadas no PGR (Site / News / Blog / Mail-Marketing etc.);
- Identificar números e relações de causa e efeito que elevem a percepção dos impactos e dos riscos associados ao PGR;
- Conhecer bem os seus objetivos estratégicos e sensibilizar as partes interessadas para o alcance dos mesmos;
- Sensibilizar, Mobilizar e criar engajamento através de ações de Educação Ambiental que alcancem a sociedade;
- Promover a construção colaborativa do documento base do PGR.

É muito importante destacar que todas as partes interessadas podem ser apoiadores ou opositores do seu projeto, no caso, a elaboração de um PGR. Da mesma forma, todas as partes interessadas possuem um nível de influência alto ou baixo em seu PGR.

Uma importante habilidade Interpessoal e de equipe na mobilização inicial do PGR é o gerenciamento de reuniões. As reuniões são muito utilizadas em todo o processo de construção do PGR, mas no decorrer do mesmo elas podem se tornar um problema se forem mal conduzidas. Como a maior parte dos alinhamentos é executada com esta ferramenta, é importante se planejar para as mesmas. Normalmente as reuniões são convocadas para: 1) Troca de informações e relatos de desempenho; 2) Avaliações de Opiniões e; 3) Decisões. Seguem algumas dicas para a realização de reuniões eficazes:

- Tenha um tema bem definido
- Marque com antecedência
- Defina horário e duração
- Não chame "todo mundo"

- Lide com participantes temporários
- Defina um secretário e produza uma ata
- Tenha uma política com relação ao uso de smartphones
- Não permita que o debate seja monopolizado ou polarizado
- Gere decisões efetivas
- Permita discussões complementares

b) Elaboração do Diagnóstico do Plano:

Diagnosticar nada mais é do que compreender com detalhes um determinado estado, situação e/ou cenário para a proposição de uma ação/estratégia que vise o alcance de uma melhoria necessária. Por isso, no diagnóstico é fundamental observar para identificar sintomas! No PGR um sintoma pode ser as quantidades e tipologias dos resíduos gerados, armazenados e destinados, bem como um processo, uma prática, uma rotina, uma atitude de um colaborador, uma cultura organizacional etc. Dentre os pontos críticos para a elaboração do diagnóstico de um PGR, podemos destacar:

1. Identificação detalhada do empreendimento (Localização, tipo de construção, estrutura organizacional, número de colaboradores, atividades desenvolvidas etc.);
2. Análise dos critérios de gestão e de gerenciamento em curso (Identificação dos processos gerenciais adotados e identificação das legislações, normas, licenças e regulamentos em atendimento);
3. Análise qualitativa e quantitativa das diversas tipologias dos resíduos gerados nas dependências do empreendimento, identificando pontos e períodos críticos de geração;
4. Identificação e registro das partes interessadas, análise do Poder x Influência, gerenciamento das expectativas/requisitos e criação da Matriz de Responsabilidades (Matriz RACIP);
5. Identificação e registro das rotinas de acondicionamento de resíduos, logística interna, armazenamento temporário, transporte externo (Sistema de Manifesto), tratamento e disposição final;

Apenas a título orientativo, a Matriz de Responsabilidades busca alocar as responsabilidades dos diversos integrantes da equipe sobre cada entrega e seus respectivos pacotes de trabalho. Uma das formas mais utilizadas é a chamada Matriz RACIP, onde as letras representam as responsabilidades, sendo, "R: Responsável pela execução", "A: Responsável pela aprovação", "C: Recurso deve ser consultado", "I: Recurso deve ser informado" e "P: Participante do processo". Desta forma, devemos derivar do Registro de Partes Interessadas, uma nova planilha com os integrantes da equipe e suas responsabilidades pela condução efetiva do PGR. Devemos incluir colunas que traduzem as ações a serem executadas e atribuímos as responsabilidades com base nos conceitos RACIP.

c) Elaboração do Prognóstico do Plano:

O prognóstico está associado à análise de cenários futuros, dependendo, portanto, da compreensão clara dos fatores limitantes do diagnóstico e dos objetivos estratégicos com o planejamento em curso. O objetivo do Prognóstico é reduzir e corrigir erros, bem como ajustar condutas para o alcance de resultados desejados. Em síntese, está associado à uma simples pergunta orientadora, "Como fazer dar certo?". Dentre os pontos críticos para a elaboração do prognóstico de um PGR, podemos destacar:

1. Proposição de um ou mais cenários futuros (Otimista / Realista / Pessimista) que considere as forças, as fraquezas, as ameaças e as oportunidades (Análise SWOT) do diagnóstico;
2. Definição de uma estratégia de ação para o alcance de cenário futuro desejado. Recomenda-se o desenvolvimento de um Plano de Ação com base na metodologia 5W2H;
3. Definição de indicadores de desempenho, com frequência de monitoramento coerente aos objetivos e metas traçadas para o atendimento do cenário futuro desejado;
4. Definição de Programas a serem desenvolvidos em paralelo ao PGR para a potencialização de seus resultados e alcance de seus objetivos e metas;
5. Identificação, quantificação e viabilização dos recursos humanos e financeiros necessários à boa execução, monitoramento, controle e análise crítica dos processos relativos ao PGR;
6. Proposição de soluções e melhorias nas rotinas de acondicionamento de resíduos, logística interna, armazenamento temporário, transporte externo (Sistema de Manifesto), tratamento e disposição final.

Apenas à título informativo, a análise SWOT é uma ferramenta utilizada para realizar análise de cenários (ou ambientes), como base em ações de planejamento estratégico e gestão. O objetivo da matriz é cruzar oportunidades e ameaças dentro do ambiente externo das organizações e ter uma análise de pontos fortes e fracos. A ferramenta pode ser utilizada como um indicador para demostrar a situação de um projeto e assim desenvolver ações de melhoria dentro de cenários pré-estabelecidos. A operacionalização é simples.

Em brainstorm, a equipe deve analisar forças, fraquezas, ameaças e oportunidades do cenário atual e tentar simular cenários otimistas, realistas e pessimistas a partir dos objetivos e metas estabelecidos para o PGR.

A planilha 5W2H é uma ferramenta de gestão adaptada ao registro, de forma organizada e planejada das ações a serem efetuadas para o alcance de um resultado. Trata-se de uma sigla em inglês que representa: What (o que); Who (quem); When (quando); Where (onde); Why (por que); How (como) e How Much (quanto), sendo perfeita para a elaboração de Planos de Ação.

Quanto aos indicadores, é importante destacar que eles apontam, mas não resolvem problemas. A resolução do problema apontado sempre depende da atuação de um gestor. Em síntese, os indicadores são medidas que mostram a comparação do que foi realizado pela operação em relação a uma expectativa ou objetivo! Os indicadores são muito importantes na gestão, pois auxiliam em: a) Coletar dados de uma variável; b) Analisar dados de uma variável; c) Detectar desvios em função do planejamento; d) Propor ação corretiva em um curto espaço de tempo; e) Comunicar Objetivos; f) Motivar funcionários; g) Direcionar melhorias.

d) Monitoramento e Controle de Ações:

O monitoramento e controle de ações são fundamentais para a construção e execução assertiva de qualquer planejamento, processo ou processo. O status report é um documento que permite, de forma simples, informar a situação para as partes interessadas, enfatizando pontos de atenção e entregas que foram realizadas (ou deveriam ter sido) em um determinado ponto no tempo. Esses relatórios devem ser enviados com frequência predeterminada pela equipe responsável pelo planejamento, processos ou projeto, de forma a atualizar as partes interessadas a respeito do progresso do trabalho. O status report deve ter as seguintes características: 1) Foco; 2) Clareza; 3) Registro; 4) Análise de riscos; 5) Controle de custos; 6) Transparência e 7) Projeção de boas práticas.

Considerando a aplicação em um PGR, espera-se que o status report:

- Apresente um resumo executivo da elaboração ou operacionalização;
- Apresente o status do atendimento ao escopo das ações planejadas;
- Enfatize o progresso (ou não) no alcance de metas e objetivos desde o último ciclo de monitoramento e controle de indicadores;

- Apresente uma revisão / atualização / complementação do Plano de Ação 5W2H desenvolvido durante a proposição do prognóstico;
- Identifique e analise os riscos (Ameaças e Oportunidades) associadas à etapa monitorada e controlada;
- Apresente uma revisão / atualização / complementação do Registro de partes interessadas, bem como uma análise de seu Poder e Influência;
- Apresente o resultado do monitoramento dos indicadores de desempenho, dos índices e dos KPIs a partir de um Dashboard.
- Apresente dados gerais sobre custos, processos, problemas etc.

A partir da análise dos resultados monitorados e apresentados no status report, devemos então avançar na direção da análise crítica pela alta direção e para a adoção de um processo decisório. Os indicadores apontam, mas não resolvem os problemas, por isso a atuação do gestor, de forma conjunta com os tomadores de decisão, é fundamental para o êxito em qualquer projeto, inclusive na elaboração de um PGR. Em grandes organizações privadas ou públicas, dificilmente as decisões são tomadas de forma autocrática. Em geral, há, minimamente um conselho diretor que compartilha as responsabilidades do processo decisório.

A ISO 14.001/15 lista alguns pontos que devem ser observados pela alta direção de uma organização durante um processo decisório, sendo eles:

- A situação de ações provenientes de análises críticas anteriores pela direção;
- Mudanças em questões internas e externas;
- Necessidades e expectativas das partes interessadas, incluindo os requisitos legais e outros requisitos;
- Aspectos técnicos, econômicos, sociais e ambientais significativos
- Riscos (Oportunidades e Ameaças);
- Identificação de oportunidades para a melhoria contínua;
- Informações do Sistema de Medição de Desempenho (SMD);
- A disponibilização (ou não) de recursos;
- Aspectos da comunicação realizada (Inclusive reclamações);
- O impacto das ações passadas, presentes e futuras extramuros da organização.

Desta forma, o produto da análise crítica deve incluir, minimamente:

- Conclusões sobre a contínua adequação, suficiência e eficácia das ações em curso do PGR;
- Decisões relacionadas às oportunidades para melhoria contínua;
- Decisões relacionadas a qualquer necessidade de mudanças no PGR, incluindo recursos;
- Ações, se necessárias, quando não forem alcançados os objetivos ambientais;
- Oportunidades para melhorar a integração do PGR com outros processos de negócios;
- Qualquer implicação para o direcionamento estratégico da organização.

Desta forma, com base na ISO 14.001/15, ao identificarmos uma não conformidade, através do sistema de monitoramento e controle, durante a elaboração de um PGR, devemos:

Figura 13: Fluxograma teórico de solução não conformidades

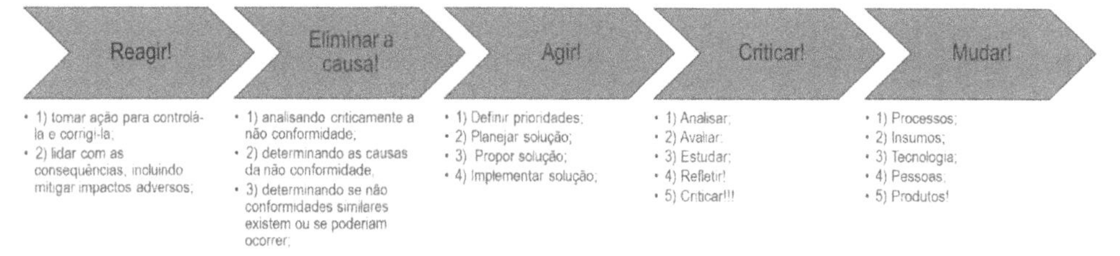

Fonte: Adaptado de ISO 14.001 (2015)

REFERÊNCIAS BIBLIOGRÁFICAS:

ABRELPE – Associação Brasileira de Empresas de Limpeza Pública e Resíduos Especiais. Panorama dos Resíduos Sólidos no Brasil, 2017. Disponível em: http://abrelpe.org.br/panorama/. Acesso em: 08 de janeiro de 2021.

ABRELPE – Associação Brasileira de Empresas de Limpeza Pública e Resíduos Especiais. Panorama dos Resíduos Sólidos no Brasil, 2016. Disponível em: http://abrelpe.org.br/panorama/. Acesso em: 08 de janeiro de 2021.

ABRELPE – Associação Brasileira de Empresas de Limpeza Pública e Resíduos Especiais. Panorama dos Resíduos Sólidos no Brasil, 2015. Disponível em: http://abrelpe.org.br/panorama/. Acesso em: 08 de janeiro de 2021.

ASSIS, A. H. C. Análise Ambiental e Gestão de Resíduos. Editora Intersaberes, 2020. 388p.

ASSOCIAÇÃO BRASILEIRA DE NORMAS TÉCNICAS – NBR 10.004: Resíduos Sólidos – classificação. Rio de Janeiro, 2004.

ASSOCIAÇÃO BRASILEIRA DE NORMAS TÉCNICAS – NBR 15.112: RCC e resíduos volumosos – Áreas de Transbordo e Triagem (Diretrizes para projetos, implantação e operação). Rio de Janeiro, 2004.

ASSOCIAÇÃO BRASILEIRA DE NORMAS TÉCNICAS – NBR 15.113: RCC e resíduos inertes – Aterros (Diretrizes para projetos, implantação e operação). Rio de Janeiro, 2004.

ASSOCIAÇÃO BRASILEIRA DE NORMAS TÉCNICAS – NBR 15.114: RCC – Áreas de reciclagem (Diretrizes para projetos, implantação e operação). Rio de Janeiro, 2004.

ASSOCIAÇÃO BRASILEIRA DE NORMAS TÉCNICAS – NBR 12.235: RCC – Armazenamento de resíduos sólidos perigosos definidos na NBR 10.004 – procedimentos. Rio de Janeiro, 1992.

ASSOCIAÇÃO BRASILEIRA DE NORMAS TÉCNICAS – NBR 12.807: Resíduos de serviços de saúde – terminologia. Rio de Janeiro, 1993.

ASSOCIAÇÃO BRASILEIRA DE NORMAS TÉCNICAS – NBR 12.808: Resíduos de serviços de saúde – classificação. Rio de Janeiro, 1993.

ASSOCIAÇÃO BRASILEIRA DE NORMAS TÉCNICAS – NBR 12.809: Manuseio de resíduos de serviços de saúde – procedimentos. Rio de Janeiro, 1993.

ASSOCIAÇÃO BRASILEIRA DE NORMAS TÉCNICAS – NBR 11.175: Fixa as condições exigíveis de desempenho do equipamento para incineração de resíduos sólidos perigosos. Rio de Janeiro, 1990.

ASSOCIAÇÃO BRASILEIRA DE NORMAS TÉCNICAS – NBR 11.174: Armazenamento de resíduos classes II – não inertes e III – inertes – procedimento. Rio de Janeiro, 1990.

ASSOCIAÇÃO BRASILEIRA DE NORMAS TÉCNICAS – NBR 13.894: Tratamento no solo (landfarming) – procedimento. Rio de Janeiro, 1990.

BARROS, R. M. Tratado sobre Resíduos Sólidos: Gestão, Uso e Sustentabilidade. Rio de Janeiro: Editora Interciência, 2013. 716 p.

BRASIL. Lei 6.938. Dispõe sobre a Política Nacional do Meio Ambiente, seus fins e mecanismos de formulação e aplicação, e dá outras providências. 31 de agosto de 1981. Brasília, 1981.

BRASIL. Lei 11.445. Estabelece diretrizes nacionais para o saneamento básico; altera as Leis 6.766, de 19 de dezembro de 1979, 8.036, de 11 de maio de 1990, 8.666, de 21 de junho de 1993, 8.987, de 13 de fevereiro de 1995; revoga a Lei nº 6.528, de 11 de maio de 1978; e dá outras providências. 05 de janeiro de 2007: MMA, 2007.

BRASIL. Lei 12.305. Institui a Política Nacional de Resíduos Sólidos de 02 de agosto de 2010; decreto n° 7.404, de 23 de dezembro de 2010. Brasília, 2010.

BRASIL. Lei 14.026/20. Atualiza o marco legal do saneamento básico e altera a Lei nº 9.984, de 17 de julho de 2000, para atribuir à Agência Nacional de Águas e Saneamento Básico (ANA) competência para editar normas de referência sobre o serviço de saneamento, a Lei nº 10.768, de 19 de novembro de 2003, para alterar o nome e as atribuições do cargo de Especialista em Recursos Hídricos, a Lei nº 11.107, de 6 de abril de 2005, para vedar a prestação por contrato de programa dos serviços públicos de que trata o art. 175 da Constituição Federal, a Lei nº 11.445, de 5 de janeiro de 2007, para aprimorar as condições estruturais do saneamento básico no País, a Lei nº 12.305, de 2 de agosto de 2010, para tratar dos prazos para a disposição final ambientalmente adequada dos rejeitos, a Lei nº 13.089, de 12 de janeiro de 2015 (Estatuto da Metrópole), para estender seu âmbito de aplicação às microrregiões, e a Lei nº 13.529, de 4 de dezembro de 2017, para autorizar a União a participar de fundo com a finalidade exclusiva de financiar serviços técnicos especializados. 15 de julho de 2020. Brasília, 2020

BRASIL. Resolução CONAMA n° 307, de 17 de julho de 2002. Estabelece diretrizes, critérios e procedimentos para a gestão dos RCC.

BRASIL. Resolução RDC ANVISA n° 222, de 29 de março de 2018. Regulamenta as Boas Práticas de Gerenciamento dos Resíduos de Serviços de Saúde e dá outras providências.

CUNHA, C. E. S. C. P. Gestão de resíduos perigosos em refinarias de petróleo. 2009. 128 p. Dissertação (Mestrado em Engenharia Sanitária e Ambiental) – Programa de Pós-Graduação em Engenharia Ambiental (PEAMB), Universidade do Estado do Rio de Janeiro (UERJ), Rio de Janeiro. 2009.

JARDIM, A.; YOSHIDA, C.; MACHADO FILHO, J. Política Nacional de Resíduos Sólidos. São Paulo (Barueri): Manole, 2012.3.

MONTEIRO, J. H. P. et al. Manual de Gerenciamento Integrado de Resíduos Sólidos. Rio de Janeiro: IBAM, 2001. 193 p.

NAGALI, A. Gerenciamento de Resíduos Sólidos na Construção Civil. Editora Oficina de Textos, 2014. 176 p.

PHILIPPI JR, A., Saneamento, Saúde e Ambiente. 1 ed. Barueri: Editora Manole, 2005. 842 p.

ROCHA, A. A. Histórias do Saneamento. 1 ed. São Paulo: Editora Blucher, 2016. 152 p.

SILVEIRA, A. L.; BERTE, R.; PELANDA, A. M. Gestão de Resíduos Sólidos: Cenários e Mudanças de Paradigma. Curitiba: Editora Intersaberes, 2018. 232p.

SILVA, C. M, ARBILIA, G. Antropoceno: Os desafios de um novo mundo. Revista Virtual de Química, Rio de Janeiro, v. 10, n. 6, pp.1619-1647, 2018.

SNIS - Sistema Nacional de Informações sobre Saneamento. Diagnóstico do Manejo de Resíduos Sólidos Urbanos - Ano Base 2017. Brasília. Disponível em: http://snis.gov.br/diagnostico-residuos-solidos. Acesso em 03 de janeiro de 2021.

SNIS - Sistema Nacional de Informações sobre Saneamento. Diagnóstico do Manejo de Resíduos Sólidos Urbanos - Ano Base 2016. Brasília. Disponível em: http://snis.gov.br/diagnostico-residuos-solidos. Acesso em 03 de janeiro de 2021

SNIS - Sistema Nacional de Informações sobre Saneamento. Diagnóstico do Manejo de Resíduos Sólidos Urbanos - Ano Base 2015. Brasília. Disponível em: http://snis.gov.br/diagnostico-residuos-solidos. Acesso em 03 de janeiro de 2021.

SISINO, C. L. S. Resíduos sólidos e saúde pública. In: SISINNO, C. L. S. et al. Resíduos sólidos, ambiente e saúde: uma visão multidisciplinar. 3. ed. Rio de Janeiro: FIOCRUZ, 2006, Cap. 2, p. 41-57.

TCHOBANOGLOUS, G., KREITH, F. Handbook of solid waste management. 2. ed. Califórnia. McGRAW-HILL Companies. 2002. 834 p.

VALADARES, J. C. Ambiente e comportamento: os restos da atividade humana e o "mal-estar na cultura". In: SISINNO, C. L. S. et al. Resíduos sólidos, ambiente e saúde: uma visão multidisciplinar. 3. ed. Rio de Janeiro: FIOCRUZ, 2006, Cap. 7, p. 129-138.

VERGARA, S.E., TCHOBANOGLOUS, G., Municipal solid waste and the Environment: A global perspective. Annual Review of Environment and Resources. Illinois State University (environ.annualreviews.org), 2012.

VILHENA, A. Lixo Municipal: Manual de gerenciamento integrado. 3. ed. São Paulo: CEMPRE, 2010. 350 p.

WEETMAN, C. Economia Circular: Conceitos e estratégias para fazer negócios de forma mais inteligente, sustentável e lucrativa. 1. ed. São Paulo: Editora Autêntica Business, 2019. 501 p.